"十三五"国家重点出版物出版规划项目
材料科学研究与工程技术系列

计算材料学

Computational Materials Science

● 李 莉　王 香　编著

哈尔滨工业大学出版社
HARBIN INSTITUTE OF TECHNOLOGY PRESS

内 容 简 介

本书系统介绍了逾渗理论和计算材料学中广泛使用的几种模拟方法,主要包括 Monte Carlo 法、分子动力学方法、元胞自动机方法、有限元法,不仅讨论了各种模拟方法的理论基础和数值解法,而且介绍了各种方法的产生和发展历程。本书的特点是侧重论述数值预测方法在材料科学与工程领域的应用。

本书可作为材料科学与工程各专业及相关专业博士研究生和硕士研究生的参考书,也可作为从事与材料有关工作的科研人员的参考书。

图书在版编目(CIP)数据

计算材料学/李莉,王香编著. —哈尔滨:哈尔滨工业大学出版社,2017.6(2020.8重印)

ISBN 978 - 7 - 5603 - 6743 - 9

Ⅰ.①计… Ⅱ.①李… ②王… Ⅲ.①材料科学－计算 Ⅳ.①TB3

中国版本图书馆 CIP 数据核字(2017)第 125533 号

策划编辑 杨 桦 张秀华
责任编辑 张秀华
封面设计 卞秉利
出版发行 哈尔滨工业大学出版社
社 址 哈尔滨市南岗区复华四道街 10 号 邮编 150006
传 真 0451－86414749
网 址 http://hitpress.hit.edu.cn
印 刷 哈尔滨圣铂印刷有限公司
开 本 787×960mm 1/16 印张 12.25 字数 210 千字
版 次 2017 年 6 月第 1 版 2020 年 8 月第 2 次印刷
书 号 ISBN 978-7-5603-6743-9
定 价 38.00 元

前　言

　　计算材料学是在综合材料科学、物理学、化学、计算机科学及机械工程等学科的基础上发展起来的，其发展极其迅速，已成为一种新的交叉学科分支。计算材料学的发展方向是实现实际材料性能的预报，并能模拟材料在不同空间和时间尺度上发生的物理现象和过程，从而促进材料科学的发展。

　　关于计算材料学的学术论义有很多，且与年俱增，但是国内目前关于这一研究领域，系统而全面的适合材料科学与工程专业研究生教学的教材尚少，本书弥补了这一不足。本书适合材料科学与工程各专业的研究生教学以及为科学研究者提供参考。本书在论述基本理论的基础上，还应用实例加以说明。

　　本书由6部分组成，绪论部分主要概述了计算机模拟方法及其在材料学科中的应用现况，第1章介绍了逾渗理论，第2～5章分别系统地论述了计算材料学中广泛使用的Monte Carlo法、分子动力学方法、元胞自动机方法、有限元法4种不同的模拟方法。书中不仅讨论了各种模拟方法的理论基础和数值解法，而且介绍了各种方法的产生和发展历程。同时，本书重点列举了各种数值预测方法在材料科学与工程领域的实例研究。

　　本书绪论及第1、3、4章由哈尔滨工程大学李莉撰写，第2、5章由哈尔滨工程大学王香撰写。本书在撰写过程中，哈尔滨工程大学相关科研组的研究生在书稿的资料收集、文字加工、绘图等方面做了大量工作，特别是刘二宝、王民庆、连晓明为此付出了辛勤的劳动，在此对他们的无私帮助表示衷心的感谢。

　　计算材料学涉及数学、物理、化学及计算机科学等基础学科，有一定的理论深度。由于作者水平有限，书中难免有疏漏之处，敬请各位专家学者批评指正，以利于我们今后改进。

作　者

2017 年 4 月

目　　录

绪　　论

0.1　计算机模拟方法概论

　　计算机模拟正在成为各个研究领域的独立分支,并已发展成为解决疑难问题强有力的工具之一。计算机模拟是根据实际体系,利用电子计算机对其内部结构、功能和行为进行的模拟。它能通过将模拟结果与实际体系的试验数据进行比较来检验模型的准确性,也可以检验由模型导出的解析理论所做的简化近似是否成功。实践证明,在模型体系上获得的微观信息通常比在实际体系上所做试验获得的信息更为详细。此外,在某些情况下,计算机模拟可以部分地代替试验,例如,在确定飞机和船体的流体力学阻力时,由于运用了计算机模拟的方法,因此建造巨大的风洞或水箱成为万不得已时才采取的手段。事实上,在提出理论模型来解释试验观察到的现象时,或在一般正常试验或精确解析理论不能解释的研究体系中,特别是在大自由度、低对称性、非线性问题及复杂相互作用的系统中,计算机模拟的结果往往是试验中不能获得的信息的重要来源。同时,计算机模拟对于理论的发展也有重要的意义,它可以为现实模型和实验室中无法实现的探索模型做出详细的预测方案或方法。例如,材料在极端压力或温度下经历相变的四维体系。

　　自从电子计算机出现以后,研究人员利用计算机进行实际系统的模拟成为必然。第二次世界大战期间,美国研制原子弹的工作加紧进行,其中一个项目是研究核裂变物质的中子随机扩散产生的破坏程度。这要对各种材料分别进行试验,试验周期长,耗费人力和物力大,对人体和环境还有直接的伤害和危险。于是,负责该项目研究的 von Neumann 和 Ulam 等人使用电子计算机进行模拟,并取得了重大成果,该研究项目就是著名的蒙特卡罗计划。

　　Monte Carlo(蒙特卡罗)法属于试验数学的一个分支,利用随机数技术进行统计试验,以求得统计特征值(如均值、概率等)作为问题的数值解。von Neumann 和 Ulam 等人在计算机模拟中采用的就是 Monte Carlo 法,这也是世界上最早的计算机模拟。后来 Naylor 等人把 von Neumann 等人的这一成果定义为世界计算机模拟的现代概念的起源。

在 20 世纪五六十年代,计算机模拟技术主要用于航空航天、武器研制和核试验等少数领域。

由于计算机计算速度的加快和存储容量的增大,使得以前很难或在当时根本不可能解决的一些难题,现在几乎都能得到解决,或被纳入到科研规划之中。在国民经济的各领域都有计算机模拟技术的用武之地,特别是在那些环境恶劣(如真空、高温高压、有毒有害的场所)、试验条件苛刻、试验仪器精度不够、试验周期太长、花费财力物力太大的场合,使用计算机模拟技术解决问题有其独特的优势,国内外各行各业都十分重视这门技术的研究、应用和发展。

从理论上讲,日常生活、工作及自然界中遇到的一切问题都可用计算机进行模拟,所以它已成为工程系统、科学研究人员乐于使用的一种设计分析的工具。在航空航天领域,计算机模拟起着巨大的作用,如可作为宇航员培训的仿真系统。掌握计算机仿真器技术的研究人员在各行各业都大受欢迎,例如,飞机、船舶、挖煤机、电话等行业复杂设备的操作训练,均可使用计算机仿真器,这样不仅可提高培训效率、节约资金和能源,而且安全可靠。据统计,世界各国用于仿真器研究的经费达数万亿美元,而且呈逐年增加的势头。我国在电力、航空航天、国防科学领域均研制有相应的培训仿真器,例如,清华大学 30 万 kW 火力发电的仿真机和 300 MW 火力发电的仿真系统;我国自己研制成功的大亚湾核电站的仿真机;秦山核电站已经使用自己研制的仿真机。

国防科学及战争演练使用计算机模拟技术更是不胜枚举,最早的战争模拟是类似于象棋和国际象棋的征战模拟,后来在 18 世纪初出现了模拟地形和建筑外形的沙盘模型。使用于战争和战斗中这是一个很大的进步,但真正有效的模拟还是使用电子计算机进行模拟。现代战争和核战争的残酷是可想而知的,无论是人员伤亡、物资消耗以及对现代文明的破坏都远远超过以前的任何战争。为了避免战争,必须拥有强大的国防力量,拥有新的战略战术的研究和制定,拥有新的武器问世和投入使用,所有这些如果能够在计算机上进行战争模拟和军事演习都是很好的选择,为此先进的军事与国防领域的计算机模拟技术得到了飞速的发展。

工业部门采用计算机模拟技术来提高企业的科学管理水平,可以科学地安排生产过程,充分利用现有的资源提高设备的利用率和人员的工作效率,使生产管理更加科学化、现代化。例如,在交通运输、生产调度、规划决策等方面,大量的实际管理问题都可以利用计算机模拟来解决。

在科学研究中,计算机模拟越来越普遍,这也是计算机模拟技术应用最早的主战场。中国科学技术大学计算机科学与技术学院在"曙光 1000"大规模并行计算机上进行了大量的科研项目研究,其中包含关于气象、环境、环保和水灾治理等方面的计算机模拟。在核工业和高能物理研究中,计算机模拟已经很成熟,可根据不同的对象研究出许多不同的计算机程序。

计算机模拟和系统是近代最具代表性的科学技术之一,它之所以有代表性并能反映出新的科学技术的时代特征,是因为它的应用已为各领域带来新的气象和成果,并使其向纵深飞速发展。计算机模拟所涉及的知识面很广,计算机模拟工作者不但要有数学知识及计算机编程技巧,还要对模拟对象有深刻的理解,只有这样才能做出科学有效的模拟系统。目前,计算机模拟技术与应用仍处于快速发展阶段,早有预言 21 世纪将是计算机模拟技术日新月异地发展和"无所不能"的世纪。

0.2　计算机模拟在材料科学中的应用

在材料科学中,除试验和理论外,计算机模拟已经成为解决材料科学中实际问题的第三个重要组成部分。如今,计算机模拟已应用于材料科学的各个方面,包括分子液体和固体结构的动力学,水溶液和电解质,胶态分子团和胶体,聚合物的结构、力学和动力学性质,晶体的复杂结构,点阵缺陷的结构和能量,超导体的结构,沸石的吸附和催化反应,表面的性质,表面的缺陷,表面的杂质,晶体生长,外延生长,薄膜的生长,氢氧化物的结构,液晶,有序-无序转变,玻璃的结构,黏度,蛋白质动力学,药物设计等。本书将会在以后的章节中对应用比较成功的例子进行介绍。

美国 BIOSYM Technologies 公司已经研制出多套材料的计算机模拟软件,如电子、光学和磁性材料的模拟软件(Software for Electron,Optical and Magnetic Materials Simulation,EOM),固态化学研究软件(Software for Solid State Chemistry Research),模拟无机材料的结构和性能的软件(Simulating the Structures & Properties of Inorganic Materials),聚合物体系的性能预测和分析软件(Property Prediction & Analysis of Polymer Systems)等,在材料领域中应用这些软件,已经解决了不少实际问题。

实践证明,计算机模拟在材料科学中是具有广阔前景的研究工具。有人直接称材料科学中的计算机模拟为计算机材料科学,这也是材料科学领域正面临的研究方法变革的重要标志之一。

材料研究的分析和建模按传统方法大致分为 3 个不同的领域[1]:

(1)所考察材料的性质是在什么尺度上进行表征,对于这个问题,凝聚态是物理学家和量子化学家处理微观尺度范围内物质的最基本的模型,此时材料的原子结构起显著作用。

(2)在更唯象的层次上,许多最复杂的分析是在中间尺度上进行的,此时连续的模型是合适的。

(3)在宏观尺度上,大块材料的性能及制造过程都是使用计算机输入模型完成的。

历史上,这3种层次的研究被不同领域的科学家(即应用数学家、物理学家、化学家、冶金学家、陶瓷学家、机械工程师、制造工程师)来完成。

既然材料性质的研究是在不同尺度层次上进行的,那么计算机模拟也可根据模拟对象的尺度范围而划分为若干个层次。一般来说,可分为电子层次(如电子结构)、原子分子层次(如结构、力学性能、热力学和动力学性能)、微观结构层次(如晶粒生长、烧结、位错网、粗化和织构等)及宏观层次(如铸造、焊接、锻造和化学气相沉积)等。它们对应的空间尺度大致分别为 $0.1 \sim 1$ nm,$1 \sim 10$ nm,10 nm~ 1 μm 以及微米以上的尺度。另外,还可以把不同层次的微结构模型大致分为纳观、微观、介观和宏观等系统。"纳观"是指原子层次,"微观"对应小于晶粒尺寸的晶格缺陷系综,"介观"对应于晶粒尺寸大小的晶格缺陷系综,而"宏观"则对应于试样的宏观几何尺寸。显然,这种分法带有一定的随意性。对于空间尺寸大于 1 μm 的材料对象,模拟时已不用考虑材料中个别原子、分子的行为,而采用所谓的"连续介质模型",如材料的弹/塑性、断裂力学、扩散、热传输和相变等。与材料性质的连续介质模型相应的尺度层次是在微米或更高的量级上,也就是比相邻原子间的距离要大。当模拟这样尺度层次上的材料性质时,常常不必关心单个原子的位置,而只要处理局部平均的性质,如密度、温度、应变和磁化。对于更大的空间尺度,则涉及材料的工程模拟和使用中的行为模拟,如寿命预测、环境稳定性和老化等。在研究微观尺度下的材料性能时,统计力学仍是十分有用的原子级模拟方法。描述大量原子怎样聚集在一起并决定大块材料性质的一个常规方法是 Boltzmann、Gibbs 及 Einstein 等人在 20 世纪初提出的经典统计力学。这种经典方法的成功之处在于对相变的理解,如固体的结晶有序、合金的成分有序或铁磁体的磁化,但是,这还只是原则上的成功,大部分情况下的细节还不是很清楚。

许多模拟的情况只属于所谓"物质的平衡态",也就是物质从头至尾弛豫至与环境达到热平衡和化学平衡。但是,许多工艺上的问题是远离平衡的,例如,金属合金、多元陶瓷或聚合物材料中化学成分的分布。而在材料加工时,物质几乎总是被迫离开它们的平衡状态,在铸造、焊接、拉丝和施压等情况下,平衡统计力学是不合适的。在过去的十多年间,非平衡过程的理论和这些过程的数学建模技术已经取得很多进步,但是还有很多深入的问题仍未解决。最新的进展表明,有可能用相似的精度描述诸如缺陷附近的晶体形变、表面和晶粒边界的非规则图像。新的方法甚至有可能用以研究物质的亚稳态或严重无序状态。已经提出的总能量从头算起的新方法,能用计算机处理原子的较大排列,即在一个超晶胞中有 50～100 个原子。实际上,如果新的从头算起方法能达到预期的精度,大批的材料问题将转化为定量的问题。

随着计算机模拟技术的发展,已经涌现出比较多的模拟方法[2]。一般而言,从纳观至微观尺度的模拟方法主要有 Monte Carlo 法和分子动力学方法;从纳观至介观尺度的模拟方法主要有离散位错静力学和动力学、Ginzburg - Landau(金兹堡-朗道)相场动力学、元胞自动机等方法;从介观至宏观尺度的模拟方法主要有有限元(FE)法及有限差分(FD)法、多晶体弹性及塑性模型等模拟方法。

对于完整和非完整晶体的结构,动力学和热力学的性质可采用 3 种方法进行模拟,即分子动力学方法、Monte Carlo 法和分子力学方法。

分子动力学的目标是研究体系中与时间和温度有关的性质而不只是静力学模拟研究的构型方面。分子动力学方法是用来求解运动方程(如牛顿方程、哈密顿方程或拉格朗日方程),通过分析系统中各粒子的受力情况,用经典或量子的方法求解系统中各粒子在某时刻的位置和速度,进而确定粒子的运动状态。

Monte Carlo 法是根据待求问题的变化规律,人为地构造出一个合适的概率模型,依照该模型进行大量的统计试验,使它的某些统计参量正好是待求问题的解。这种方法在计算机中很容易实现。

与分子动力学方法相比,分子力学方法常常能得到更精确的值,重要的是要知道怎样计算原子间的相互作用。最简单的是二体相互作用,它只取决于原子间的距离,也可采用三体相互作用。相互作用可从第一原理计算,但这取决于原子周围的原子排列。即使是纯元素,决定相互作用也是不容易的。不同种原子间的相互作用则更加复杂。

计算机模拟系统常常是实际系统的一个部分,即能反映所研究材料特征的数百至数万个原子的小晶体模型。模型中需要设置符合实际系统的原子间的作用势 $\Psi(r)$ 和晶体边界条件,$\Psi(r)$ 通常采用经验性作用势或从量子力学原理推算出的作用势。常用的 4 种边界条件为自由边界、刚性边界、柔性边界和周期性边界。

此外,为处理宏观问题,常常应用有限元法和有限差分法,在线性有限元法中位移正比于应力;在非线性有限元法中位移和应力的关系是另外给出的。

本书旨在帮助读者解决如何选择合适的模拟方法、如何评估预测结果的真实性等问题。模拟方法的选择和预测结果的评价都是非常重要的问题,因为对同一问题的模拟完全可以从不同角度去考虑。例如,就塑性而言,可以采用有限元法、统计动力学模拟方法、离散位错动力学方法、分子动力学方法以及这些方法的组合。

本章参考文献

[1] 夏宗宁,贺立,吕允文.材料科学中的计算机模拟[J].化工新型材料,1996(2):1-6.
[2] 傅廷亮.计算机模拟技术[M].合肥:中国科学技术大学出版社,2001.

第1章   逾渗理论

1.1   基本理论

世界充满着无序和随机结构,逾渗理论是处理无序和随机结构的最好方法之一,该方法可广泛地应用于物理现象中,而且应用范围还在扩大,已经超越了物理学的范畴。有学者曾列举出逾渗理论10种可能的应用,包括:

(1)火焰及火灾的传播、着火及熄火。

(2)水的相变(沸腾、凝结)。

(3)炉内结焦。

(4)煤、焦炭、油页岩的燃烧过程。

(5)汽化及由汽化引起的破碎。

(6)颗粒间的传热。

(7)流化床的导电性或其他传导特性。

(8)添加剂对煤浆性质的影响。

(9)循环流化床颗粒群的预测。

(10)多孔介质中的各种传递过程。

除以上10种可能的应用之外,如锅炉或其他蒸煮设备中污垢的形成、锅炉系统尾部受热累积的灰尘、金属材料失效、水洗除尘和静电除尘等,许多工业领域都是逾渗理论的应用范围。

逾渗理论应用如此广泛,是因为自然界中广泛地存在着无序和随机结构。随着结构连接程度或某些参数(如某种密度、占据份额等)的突然增加,出现长程连接。这就使逾渗理论成为描述这些现象的自然模型。另一方面,逾渗理论不要求精深的数学能力,却可以为空间随机过程提供一个明确、清晰、直观的描述。

在一定长度和时间标度下,自相似的无序结构和随机结构在自然界中是很普遍的,描述它们的标度(scale)可以取得很大,也可以取得很小,如星系、地貌、破碎体、聚集体或胶体、蛋白质及其他大分子或原子等尺度。

工程上有许多反应只是对多孔介质中流体与固体表面的物理变化和化学

反应感兴趣,其中某些操作由根据物理变化导致孔隙结构的连续变化来定义特征。例如,深床过滤(Deep Bed Filtration,DBF)的颗粒沉积,细粒迁移过去并在孔隙中形成稳定的乳化流或进行化学反应;催化剂失活、非催化气体-团体反应及酸岩溶解反应等。有些过程形成了固体产物而降低了孔隙体积,孔隙堵塞则导致了反应速率的变化。如果反应产物的摩尔体积大于固体反应物的摩尔体积,在深床过滤也会出现孔隙堵塞、细粒迁移和稳定乳化流等情形。

孔隙介质中的输运和反应分为"连续模型"和"断续模型"(或非连续模型)。连续模型代表了经典的工程方法,描述由不同长度标度定义的复杂和不规则几何体,物理定律控制着孔隙内的流体输运程度。对孔隙的模拟可采用毛细管模型。其他情况可以根据原理列出动量、能量、物质平衡方程式,加上边界条件就可以求解了。但孔隙介质界面非常不规则,对于这样的边界值没有可行且经济的方法。除最简单的孔隙介质外,确定流体和固体的边界条件是一个非常重要的任务,有时在数学上就难以求解,即使求解了也得不到有价值的信息,通常都采用比个别孔大得多的长度标度进行宏观描述。

宏观性质(如有效输运系数、反应速率)都可用与微观量对应的平均值来定义。如果平均值用体积 V 表示,V 与系统相比较小,但比输运方程得到的区域要大得多。在孔隙介质的每个点上使用最小的这样的体积,能产生服从于方程的宏观变量。

有些情况下,平均有效条件根本就不成立,即使其理论基础坚实,宏观输运系数也由于孔隙介质复杂的几何条件而难以求解。无论经验近似或严格公式,反应过程的结果都可用宏观理论分析。过去理论上企图由孔隙材料的微观结构来推导宏观输运系数,这样做需将孔隙结构简化。通常是用一束毛细管来代表孔隙,在这样的模型中,毛细管最初被当作平行线处理,后来又作为随机排列相互连接的毛细管网来处理。更新的随机孔模型采用毛细管相互搭接,因为化学反应产生结构变化。这些模型比较方便,准确程度也不错,相关参数要用试验来确定,反应过程中介质并不出现巨大变化,这样的模型称为连续介质模型。但连续介质模型具有局限性,一是上文中说的相关标度和平均问题,二是不适应介质连接程度发生巨变,如孔隙堵塞和破碎等情况。

另一类模型是断续模型,也就是非连续介质模型。这一类模型没有上述局限性,可以很好地描述孔隙堵塞和破碎。其主要缺点是计算机工作量大,并要求比较可行的断续处理。所谓断续处理就是用网格来代表孔隙介质。这一思想已有很长的历史,但相关严格方法的建立时间尚短。原则上讲,任何无序孔隙介质都可映射成等价孔体、孔喉相连的随机网络。一旦这种映射完成,就可以用更实际的方法研究孔隙介质输运和反应过程以及其他组成部分。用网格代表孔空间,还可以采用无序介质统计物理的思想和概念。

除了应用范围广外,逾渗还非常简单。从原理上看,它易于定义、易于计算、易于理解。从这个意义上说,逾渗的相变行为(也被称为几何相变),即标度性质,可以用于导出更复杂的相变和临界现象。为了理解逾渗,不一定必须知道什么是自旋(spin)、什么是自由能。一般地讲,只需要概率知识和宏观结构的几何状态,通常是在大的二维网格上进行分析。当然,并不是所有的逾渗问题都很简单,尽管伊辛(Ising)模型二维磁场的精确指数已求出多年,但至今有些临界指数仍没有得到精确严格的二、三维数值。

那么逾渗的定义是什么呢?

假想一个巨大的四方网格,其上的每个节点(也叫座)只有两种状态,即被占节点或空节点(被占节点或空节点是否为随机的),这样就可以定义了。对于给定的网格,取一个单一的参数 p,即被占节点的概率(图 1.1 给出了 20×20 的网格,p 从 0.1 到 0.9 缓慢填充),网格中的节点称为座,座可以是孤立的被占座,也可以同其他被占座相邻。相互连接的被占座组成的群体称为团簇(cluster,在其他文献中也称为簇)。在图 1.1 中,$p=0.6$ 处用＋号表示最大团簇与其他小团簇有明显的区别。孤立座可以是集团数 $s=1$ 的团簇。一般将 s 个被占座组成的团簇称为 s-团簇。n_s 定义为 s-团簇数与网格数之比。实际上是单位网格节点上的 s-团簇数,它与浓度 p 有关。如果 p 接近于 0,多数被占座成为孤立座;当 p 接近于 1 时,几乎所有的座都连成一片。按目前的了解,从网格一端连接到对应端的团簇只能有一个。这样,大网格上一个明显标志是这样的大团簇是否存在,可以据此来定义逾渗阈值。逾渗阈值是指无限大网格上以有限概率第一次出现的无限大的团簇时,即出现逾渗。这一有限概率记为 p_c,亦即相变点:

当 $p\geqslant p_c$ 时,出现逾渗

当 $p<p_c$ 时,逾渗不存在

在计算材料学中有很多理论模型与方法,其中逾渗理论研究的是无序系统中由于连接程度的随机变化所引起的效应,当相互连接程度(密度、占据数或浓度)增加到逾渗阈值时,系统发生尖锐的结构相变,并由此突然出现长程连接性。近年来,逾渗模型的应用范围逐渐拓宽,宏观方面的研究有地心形核机制、地震活动等,微观层次的结构演化研究有溶胶的凝胶化等。在材料研究领域,逾渗理论对材料导电路径、微区塑性性能、扩散、断裂力学以及多孔介质的模拟预测等具有重要意义。

1957 年,数学家 J. M. Hammersley 研究流体在无序多孔介质中流动时首次提出了逾渗的概念,逾渗理论是研究由给定晶格节点处的基元状态或微观状

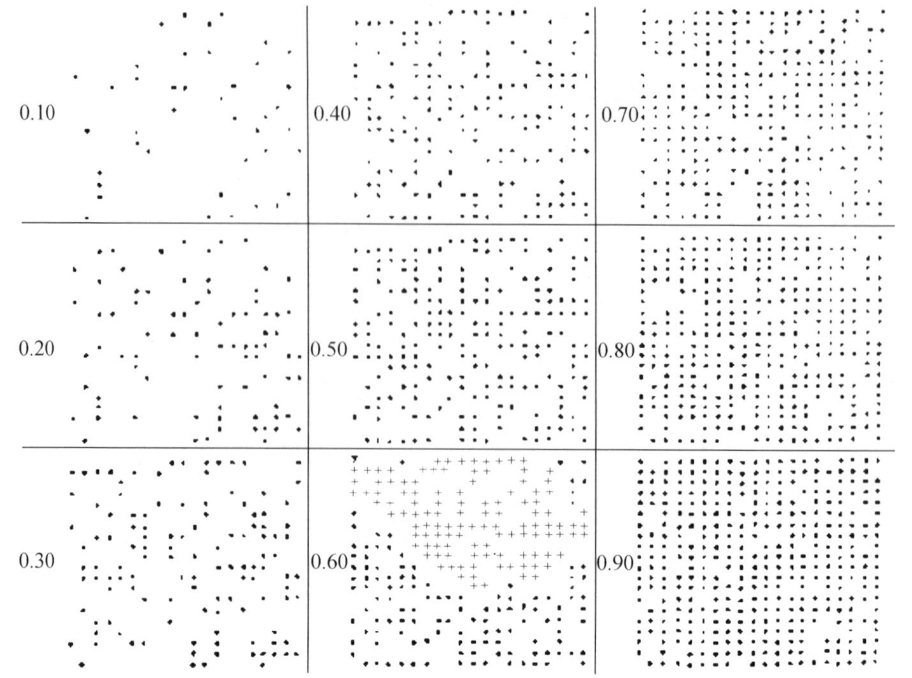

图 1.1　20×20 的网格内团簇的成长[1]（p=0.1～0.9）

态组成的系统能否进行宏观连接的理论。逾渗的基本类型有座逾渗和键逾渗两种，它们都是从规则的、周期性的点阵出发，对每一个座（键）无规则地指定反映问题，统计特征的非几何性的两态（或多态）性质，从而把规则几何结构转变成为随机几何结构问题。例如，将尺寸相同的白色绝缘球和黑色导电球随机排成一个二维正方点阵结构，则该系统导电性能与导电球体积分数的变化关系可用一种座逾渗模型来解释，如图 1.2 所示。若两个导电球之间可以通过一系列最近邻占座连成的路径连接起来，则称这两个球属于同一集团。设导电球所占比例为 p，当 p 较小时，导电球集团是有限的，系统不会出现导电通路，如图 1.2(a)所示；当 p 逐渐增加到一个临界值——逾渗阈值 p_c 后，相互连通的导电球集团突然出现了长程连接性，跨越整个系统，发生了逾渗转变，如图 1.2(b)所示。

　　逾渗模型有两种不同的目标：第一，通过一个能够代表所考查物理条件的算法，确定晶格节点的状态，这项工作可以利用数值抽样程序来完成；第二，能够检验评价所考查系统的拓扑结构数据，如团簇尺寸与分布、宏观连接性等。

　　在规格网格或随机网格上均可以模拟逾渗过程，经典的逾渗方法集中于两个主要方面，即键逾渗和座逾渗。

　　在键逾渗问题中，近邻节点的连接键既可以被占据（亦即由基元结建立连

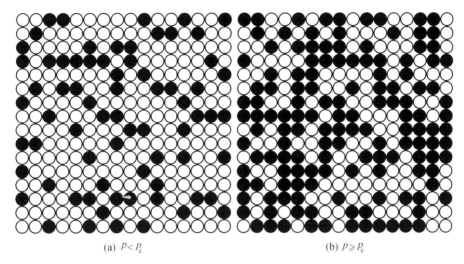

(a) $p < p_c$　　　　　　　　　　　　(b) $p \geqslant p_c$

图 1.2　二维正方点阵导电系统的座逾渗模型[2]

接,比如导电基元的情况),也可以被悬空(亦即微观结很靠近,从而阻碍了互相连接,比如绝缘基元的情况)。某个连接键的被占据或悬空是完全独立和随机的;若被占据的概率用 p 来表示,则这个键(节)悬空的概率为 $1-p$。

对于两个格座,如果在它们之间至少存在一个路径是由占据键组成的,则称这两个格座是互连的。互连的状态不能给出所考察节点之间路径长度的任何信息。如果在某些连接位置周围都是悬空键,则这个被包围的集体就称为团簇。如果概率 p 比 1 小得多,那么这种团簇通常要比网格小得多。显然团簇尺寸与网格尺寸之间的关系依赖于网格自身的尺寸。然而,若 p 接近于 1,网格将全部被连接起来。当达到某个确定的概率 p 时,随机网格的拓扑结构将发生变化,即从一个宏观上非连接的网格变成一个互连接的结构。这个概率值被称为键逾渗阈,记为 p_{cb},它表示存在占据键抽样跨跃(sample-spanning)团簇(即系统还未达到完全渗透)之前的互联基元结的最大分数。

对座逾渗的问题也可以进行相应的处理。然而,在这个方法中,是由最近邻连接键而不是基元键来决定所谓的互连性。相应的阈值被称为座逾渗阈,记为 p_{cs}。只有在贝特(Bethe)晶格和简单二维晶格的情况下,逾渗阈值的解析推导才是可能的。对其他任意格栅的情况,其阈值要用 Monte Carlo 法进行计算。在贝特晶格情况下,上述两个阈值之间的关系可用

$$p_{cb}^{\text{Bethe}} = p_{cs}^{\text{Bethe}} = 1/(z-1)$$

表示,这里 z 表示晶格配位数(亦即属于同一个格座的键的数目)。尽管这两个阈值相等的关系也可以用于其他系统,但还需要指出:在大多数情况下,p_{cb} 比 p_{cs} 要小。

自举逾渗模型在考虑某些局域限定性规则时,可用于描述系统演化和互连状况。

在每个时间步,处于状态 S_a 的所有格座的近邻格座中,至少要有 m 个处于 S_b 态的格座转变到"钝态(passive state)",当它们处于钝态时,不再参与系统的演化。

当用于二维伊辛(Ising)方格结构时,上述所谓限定性规则就变得清晰了。在每个时间步,所有"自旋向上"的晶格格座将转为钝态且不再改变,而其近邻格座至少有 m 个被占据(即在前一个时间步之后,这 m 个格座处于"自旋向上"的状态)。在模拟开始时,假设所有被随机占据(占据意味着"自旋向上")的格座的分数为 p。 $m=0$ 的情况对应于普通的随机逾渗;当 $m=1$ 时,将导致所有孤立占据的格座被消去;当 $m=2$ 时,所有疏松键被消除,只留下团簇和闭合键。与随机逾渗相比,在这些自举逾渗的情况下,其阈值是不变的。这是因为经过上面的剔除过程之后,其渗透系统的无限团簇是维持不变的。换句话说,如果 m 等于近邻数目,即使是单个空的格座,最终也将造成整个晶格都是空的[3]。

1.2　逾渗理论在材料科学中的应用

近年来,逾渗理论的应用范围逐渐拓宽,在计算材料学方面也比较活跃。逾渗模型在脱合金腐蚀、巨磁电阻材料、栅介质击穿、导电复合材料等热点问题上的模拟研究较多,对材料的性能预测和结构设计等起到了重要的指导作用。下面列举几种逾渗理论在材料科学中的应用例子。

1.2.1　铜基合金的脱合金腐蚀

铜基合金具有良好的机械性能、加工性能和耐海水腐蚀性能,在海洋工程中有着广泛的应用。关于铜基合金的研究报道很多,涉及的体系主要有 Cu‐Zn、Cu‐Al、Cu‐Ni 和 Cu‐Au 等,但迄今为止对其脱合金腐蚀机理及如何有效控制尚不完全清楚。Cu‐Zn 逾渗模型(黑球代表 Zn 原子,白球为 Cu 原子)如图 1.3 所示。在无序二元合金或两相合金中,随着溶质原子浓度或某一相填充分数的增加,当溶质浓度或其相所占比例超过逾渗阈值 p_c 后,合金内部就会出现由溶质原子或某相近邻(或次近邻)组成的无限大集团,形成逾渗通道。黄铜脱锌就是沿着这条由 Zn 原子组成的逾渗通道发生 Zn 的优先溶解,从而出现坑道状或栓状的脱锌腐蚀特征。

J. H. Wang 等人根据 Cu‐Zn 的面心立方结构特征,提出了描述 Zn 原子和 Cu 原子相对位置的晶体学模型,认为整个逾渗通道由各个晶胞中相互连接在一起的 Zn 原子组成。通过加 B(硼)和 As(砷)抑制腐蚀的研究,发现 B 与 As 的最佳物质的量的比为 1∶1,据此推断脱锌是沿着晶体内 B 与 As 按物质的量的比 1∶1,即 As-B 对的方式占据双空位(图 1.3 中"□"所示),阻止了双空位的迁移,截断了逾渗通道,因此可以起到完全抑制黄铜脱锌腐蚀的协同作用,如图 1.3 所示。该模型不但从晶体学方面解释了逾渗通道的形成机制,而且也为腐蚀过程中产生双空位并通过双空位扩散实现 Zn 的选择性溶解、发生腐蚀的最小 Zn 含量等提供了晶体学依据,把黄铜脱锌的双空位机制和逾渗机制有机地结合在了一起。

图 1.3　As-B(双空位)在 Cu-Zn 合金逾渗通道中的位置[3]

1.2.2　磁性材料的逾渗行为

近年来,掺杂锰氧混合价化合物的巨磁电阻(Giant Magneto Resistance, GMR)效应引起了广泛关注,巨磁电阻薄膜在高密度磁记录读出磁头上的应用前景广阔。M. Uehara 等人的研究发现,低于居里温度时,$La_{5/8-x}Pr_xCa_{3/8}MnO_3$ 体系出现相分离现象,即得到了亚微米级尺度上的电荷有序绝缘相和铁磁畴的两相混合物,GMR 效应是由穿过铁磁畴的逾渗输运行为产生的。L. W. Zhang 等人制备了 $La_{0.33}Pr_{0.34}Ca_{0.33}MnO_3$ 薄膜,利用低温磁力显微镜观察了 GMR 转变时的逾渗现象:当样品冷却到一定温度 T_p 时,铁磁畴之间形成了逾渗通路,导致电阻突然下降;当温度升高到一定温度 T_k 时,铁磁畴导电路径被隔离,平均磁化强度降低,系统的电阻突然增加。Q. Huang 等人利用粉末烧结法制备了

$$La_{0.67}Sr_{0.33}MnO_3/BaFe_{11.3}(ZnSn)_{0.7}O_{19}(LSMO/BaM)$$

复合材料,发现软磁金属 LSMO(锰酸锶镧)晶粒和硬磁绝缘体 BaM(M 型钡铁氧体)晶粒之间的磁性综合,提高了材料的高磁场电阻率,随着 BaM 含量增加,各向异性磁阻效应减弱,复合材料电阻率显著增加。B. Raquet 等人研究了 $La_{2/3}Ca_{1/3}MnO_3$ 钙铁矿型氧化物动力学相分离的随机电阻噪声(Random Telegraph Noise,RTN),验证了电导率和磁化率不同的两相中发生的逾渗现象。A. Harter 等人研究了两种磁性颗粒分散(有序或随机)到无磁性基体中所组成的复合材料体系,利用微磁学理论计算了磁化系数与磁性颗粒填充比例的关系,揭示了磁性复合材料的逾渗机制。V. Barabash 等人研究了三组分(金属/绝缘体/完美导体)复合材料磁阻变化的逾渗现象,发现相图中存在一个分离饱和磁阻和不饱和磁阻区域的临界线,用各向异性逾渗模型解释了此临界线附近的行为,并得到了与普通双组分二维各向同性无规逾渗网格相同的逾渗阈值和临界指数。S. Lisey 等人把逾渗和相分离结合起来,研究了无序伊辛(Ising)铁磁体零温时磁畴结构的几何性质及其非平衡逾渗转变行为。K. D. Fisher 等人研究了导体周期性排列于金属基体的复合材料,把该复合材料看作有效阻抗网格,发现其磁致电阻具有显著的各向异性,可用逾渗理论来解释。

本章参考文献

[1] 刘伯谦,吕太.逾渗理论应用导论[M].北京:科学出版社,1997.

[2] 齐共金,张长瑞,曹英斌,等.逾渗模型在计算材料学中的研究进展[J].材料科学与工程学报,2004,22(1):123-127.

[3] RAABE D.计算材料学[M].项金钟,吴兴惠,译.北京:化学工业出版社,2002.

第2章 Monte Carlo 法

2.1 基本思想和一般过程

2.1.1 基本思想

Monte Carlo 法又称统计试验法或随机抽样技术。19 世纪后期,布丰发现了随机投针概率与圆周率 π 之间的关系,提供了早期随机试验的范例,即通过实际"试验"的方法,得到某种事件出现的频率,再进行统计平均以求得其近似值。但要真正实现随机抽样是很困难的,甚至几乎是不可能的。随着电子计算机的出现和发展,才使这种统计试验方法成为可能。Metropolis、Ulam 和 von Neumann 等人为模拟中子链反应设计了第一个随机试验的程序,在计算机上对中子的行为进行了随机抽样模拟,并以欧洲赌城的名字将其称为 Monte Carlo 法。随着计算机技术的迅速发展,Monte Carlo 法的应用范围日趋广阔,越来越受到人们的重视,已广泛地应用到各类科学研究与工程设计中,成为计算数学和计算物理的一个重要分支。

2.1.2 一般过程

Monte Carlo 法是一种计算机随机模拟的方法,当所要求的问题是某种事件出现的概率,或者是某个随机变量的期望值时,可以建立一个概率模型或随机过程,通过对这种模型或过程的观察或抽样试验,计算有关参数的统计特征,给出所求解的近似值。Monte Carlo 法的计算过程就是用数学方法在计算机上实现对随机变量的模拟,以得出问题的近似解。因此,对于需要昂贵设备或难以实现的物理过程,Monte Carlo 法显示出了其特有的方式和优点。

用 Monte Carlo 法解题的一般过程可归结为以下 3 个步骤。

1. 构造或描述问题的概率过程

对于本身就只有随机性质的问题(如粒子输运问题),主要是正确地描述和模拟这个概率过程。对于本来不是随机性质的确定性问题,如计算定积分、解线性方程组及偏微分方程边值问题等,要用 Monte Carlo 法求解,就必须事先构造一个人为的概率过程,使得它的某些参量正好是所要求问题的解。

2. 实现从已知概率分布的抽样

有了明确的概率过程后,为了实现过程的数值模拟,必须实现对已知概率分布的随机数的抽样,进行大量的随机模拟试验,从中获得随机变量的大量试验值。各种概率模型具有不同的概率分布,因此产生已知概率分布的随机变量是实现 Monte Carlo 法的关键步骤。最简单、最基本、最重要的一个概率分布是 $(0,1)$ 上的均匀分布(或称矩形分布)。随机数就是具有这种均匀分布的随机变量。对于其他复杂概率模型的概率分布,可以用数学方法在此基础上产生。因此,随机数是 Monte Carlo 模拟的基本工具。

3. 建立各种统计量的估计,得到问题的求解

一般说来,构造了概率模型并能从中抽样后,即可对所得抽样值集合进行统计处理,从而产生待求数字特征的估计量,给出问题的求解及解的精确估计。

下面以布丰投针求圆周率 π 的近似值为例,说明用 Monte Carlo 法解题的一般过程。布丰投针问题叙述如下:任意投掷一根针到地面上,将针与地面上一组平行线相交的次数作为针与平行线相交概率的近似值,然后根据这一概率的准确结果求出圆周率 π 的近似值。

布丰投针问题本身就是具有随机性质的问题,因此首先必须正确地描述与模拟这个问题。平面上一根针的位置可以用针中心 A 的坐标 x 和针与平行线的夹角 θ 来决定,在 y 轴方向上的位置不影响相交性质。因此可以任意投针,即坐标 x 和夹角 θ 均是任意值。

2.2　随机数与伪随机数

由单位矩形分布中所产生的简单子样称为随机数序列,其中的个体称为随机数。而所谓伪随机数,则是指用数学递推公式所产生的随机数。由于这种方法属于半经验性质,因此只能近似地具备随机数性质。判断产生伪随机数的某种方法的好坏,首先看它是否能较好地具备均匀性和独立性;其次看它的费用大小,在电子计算机上产生伪随机数,费用即指所用计算机的机时。由 Monte Carlo 法解题的一般过程可知,随机数的产生是实现 Monte Carlo 法的关键步骤,是 Monte Carlo 模拟的基本工具[1]。

2.2.1　随机数

矩形分布也常称为均匀分布,其中最基本的是单位矩形分布,其分布密度函数为

$$f(x) = \begin{cases} 1 & (0 \leqslant x \leqslant 1) \\ 0 & (\text{其他点}) \end{cases} \tag{2.1}$$

为了产生随机数,可以利用随机数表。随机数表由 $0,1,\cdots,9$ 这 10 个数字组成,相互独立地以等概率出现,这些数字序列称为随机数字序列。若想得到具有 n 位有效数字的随机数,只需将表中每 n 个相邻的随机数字合并在一起。但随机数表不适合在电子计算机上使用,因为它需要电子计算机具有很大的存储量。利用某些物理现象可以在电子计算机上产生随机数,但其产生的随机数序列无法重复实现,使程序无法进行复算,结果无法验证。同时需要增添随机数发生器和电路联系等附加设备,费用昂贵。因此,在 Monte Carlo 法中一般不采用随机数,而采用伪随机数。

2.2.2　伪随机数

伪随机数是用数学方法产生的随机数,在给定初值 ξ_1 下,由以下的递推公式

$$\xi_{n+1} = T(\xi_n) \tag{2.2}$$

确定 $\xi_{n+1}(n=1,2,\cdots)$。

从式中可以看出,由此产生的随机数并不相互独立,虽然这个问题从本质上无法解决,但可通过选取递推公式来近似满足独立性要求;另一方面,用电子计算机进行计算中,在 $(0,1)$ 之间的随机数是有限的,当产生的随机数出现下述情况,即

$$\xi'_{n+1} = \xi''_{n+1} \qquad (n=1,2,\cdots,k) \tag{2.3}$$

时,在随机数序列中就出现了周期性循环的现象,这与随机数的要求也是相违背的。但 Monte Carlo 法中计算所用的个数也是有限的,只要其个数不超过随机数产生周期性的个数即可。正是基于这种原因,将数学方法产生的随机数称为伪随机数。

用数学方法产生伪随机数非常容易在电子计算机上实现,可以复算,而且不受计算机限制。因此,虽然存在着一些问题,但是仍然被广泛地使用,并且是在电子计算机上产生随机数的最主要方法。

由式(2.2)可知,伪随机数产生的关键问题在于如何确定 $T(\cdot)$,一般产生伪随机数的方法都是基于数学中数论的基本结果。在确定 $T(\cdot)$ 的过程中,还要考虑经济上的可行性,这里经济上的可行性主要是指用电子计算机进行计算时耗费的机时,因为 Monte Carlo 法使用过程中,伪随机数要用上百万、上亿或更多次,因而伪随机数产生的耗费机时是选择产生伪随机数方法时必须兼顾的问题。归结起来,应考虑的问题是:① 产生伪随机数的质量;② 方法的经济

性;③ 容量要尽可能大。

下面介绍几种产生伪随机数的方法[2]。

2.2.3　伪随机数的产生方法

1. 加同余方法

对任意初始值 x_1 和 x_2,加同余方法递推公式为

$$\begin{cases} x_{i+2} = x_i + x_{i+1}(\bmod M) \\ \xi_{i+2} = \dfrac{x_{i+2}}{M} \end{cases} \tag{2.4}$$

式中,$(\bmod M)$ 表示被 M 整除后取余数。

当 $x_1 = x_2 = 1$ 时,所确定的随机数序列即为剩余的斐波那契数列(Fibonacci sequence)。

2. 乘同余方法

产生伪随机数的方法是,对任意初值 x_1,由如下递推公式确定:

$$\begin{cases} x_{k+1} \equiv a x_k(\bmod M) \\ \xi_{k+1} = x_{k+1}/M \quad (k=1,2,\cdots) \end{cases} \tag{2.5}$$

式中,a 是 $(1, M-1)$ 内的正整数。上式中第二式亦可表示为

$$\xi_{k+1} = \{a\xi_k\} \quad (k=1,2,\cdots) \tag{2.6}$$

3. 乘加同余方法

该方法的递推公式的一般形式为

$$\begin{cases} x_{i+1} \equiv a x_i + c(\bmod M) \\ \xi_{i+1} = \dfrac{x_{i+1}}{M} \end{cases} \tag{2.7}$$

式中,x_1 为任意给定的初始值。

4. 取中方法

取中方法包括平方取中方法和乘积取中方法两种,其中平方取中方法是在产生伪随机数的各种方法中使用最早的一种方法。对于十进制,其一般形式为

$$\begin{cases} x_{i+1} \equiv [10^{-s}x_i^2](\bmod 10^{2s}) \\ \xi_{i+1} = \dfrac{x_{i+1}}{10^{2s}} \end{cases} \tag{2.8}$$

式中,x_1 为任意给定的初始值,由 $2s$ 位十进制数组成。在电子计算机上,为计算方便,最好采用二进制的数,此时式(2.8)变换为

$$\begin{cases} x_{i+1} \equiv [2^{-s}x_i^2](\bmod 2^{2s}) \\ \xi_{i+1} = \dfrac{x_{i+1}}{2^{2s}} \end{cases} \tag{2.9}$$

式中，x_i 为任意给定的 $2s$ 位二进制数。

乘积取中方法与平方取中方法类似，其一般形式为

$$\begin{cases} x_{i+2} \equiv \left[2^{-i}x_i x_{i+1}\right](\bmod\ 2^{2s}) \\ \xi_{i+2} = \dfrac{x_{i+2}}{2^{2s}} \end{cases} \tag{2.10}$$

式中，x_1、x_2 为任意的两个初始值，由 $2s$ 位二进制数组成。

2.2.4　伪随机数最大容量及统计检验

产生伪随机数后，一方面，由于伪随机数存在容量问题，因此，对各种方法产生的伪随机数还应考虑到其最大容量问题，考虑其容量是否满足解决实际问题的需要。另一方面，伪随机数要满足随机数的要求，还应对某一伪随机数序列进行统计检验，包括均匀性检验和独立性检验。该选择哪一种统计检验方法，不取决于产生伪随机数的方法，而是取决于用伪随机数所要解决的问题。如果问题要求伪随机数均匀性是主要的，如一维定积分计算等，那么应着重进行均匀性检验；如果问题的情况相反，那么应着重进行独立性检验。有关各种方法所产生伪随机数的最大容量及其均匀性和独立性的统计检验方法，可参考其他图书。

2.2.5　统计检验

用 H_0 表示这样的统计假设，即具有相同的单位矩形分布和相互独立，于是根据随机数的假定，对于用某种方法所产生的伪随机数序列 $\xi_1, \xi_2, \cdots, \xi_n$ 是否可以作为随机数来使用，必须判断假设 H_0 是否成立。决定接受或拒绝假设 H_0，一般是给定一个临界概率 α，在假设 H_0 成立的条件下，如果出现观察到的事件的概率小于或等于 α，就拒绝假设 H_0；如果出现观察到的事件的概率大于 α，那么就认为与假设 H_0 无矛盾。

统计假设 H_0 包括两部分内容，其一是具有相同的单位矩形分布，另一个则是相互独立。因此，伪随机数的统计检验方法大体上分为两类：均匀性检验和独立性检验。两者有一定的差别，但又不能截然分开，很多独立性检验方法实际上也是对均匀性检验方法的检验，反过来也有类似现象。例如，要解决 S 维定积分计算，那么应着重对由 S 个伪随机数组成的 S 维空间上的点是否均匀进行检验。这种检验方法既包括了均匀性检验，也包括了独立性检验。

2.2.6　均匀性检验

1.频率检验

将区间 $[0,1]$ 划分为 K 个子区间，n 个伪随机数被分为 K 组，令 n_k 为第 k 组

的观察频数,按照统计假设 H_0,随机数属于第 k 组的频率为

$$p_k = \frac{1}{K} \qquad (k=1,2,\cdots,K) \tag{2.11}$$

因此,属于第 k 组的理论频数为

$$m_k = np_k = \frac{n}{k} \quad (k=1,2,\cdots,K) \tag{2.12}$$

令统计量

$$\chi^2 = \sum_{k=1}^{K} \frac{(n_k - m_k)^2}{m_k}$$

的分布函数为 $F_n(Z)$,则分布函数序列 $\{F_n(Z)\}$ 满足关系式

$$\lim_{n \to \infty} F_n(Z) = \begin{cases} \dfrac{1}{2^{\frac{K-1}{2}} \Gamma(\dfrac{K-1}{2})} \displaystyle\int_0^Z Z^{\frac{K-3}{2}} \mathrm{e}^{-\frac{Z}{2}} \mathrm{d}Z & (Z > 0) \\[4mm] 0 & (Z \leqslant 0) \end{cases} \tag{2.13}$$

即分布函数序列 $\{F_n(Z)\}$ 渐近具有自由度为 $(K-1)$ 的 χ^2 分布。

按照显著水平 α 判断假设 H_0,频率检验就是具有自由度为 $(K-1)$ 的 χ^2 分布确定满足

$$p(\chi^2 \geqslant \chi_a^2) = \frac{1}{2^{\frac{K-1}{2}} \Gamma(\dfrac{K-1}{2})} \int_{\chi_a^2}^{+\infty} Z^{\frac{K-3}{2}} \mathrm{e}^{-\frac{Z}{2}} \mathrm{d}Z = \alpha \tag{2.14}$$

的值 χ_a^2,当 n 足够大时,如果观察到的 χ^2 大于或等于 χ_a^2,可以拒绝假设 H_0,否则没有理由拒绝假设 H_0。

区间 $[0,1]$ 可以分为任意 K 个不等的子区间,此时只需根据假设 H_0 给出随机数属于每组的概率 $p_k(k=1,2,\cdots,K)$,频率检验方法可完全类似地进行。不等分法可以很好地检验伪随机数后面几位数字的均匀性情况。

2. 累积频率检验

设 $N_n(x)$ 为伪随机序列 $\xi_1,\xi_2,\cdots,\xi_n$ 中适合不等式的个数,又令

$$\delta(n) = \sup_{0 \leqslant x \leqslant 1} \left| \frac{N_n(x)}{n} - x \right| \tag{2.15}$$

按照柯尔莫哥洛夫定理,若令统计量 $\sqrt{n}\delta(n)$ 的分布函数为 $Q_n(\lambda)$,则有

$$\lim_{n \to \infty} Q_n(\lambda) = Q(\lambda) \tag{2.16}$$

式中,$Q(\lambda)$ 为 λ 分布,由下式给出:

$$Q(\lambda) = \sum_{k=-\infty}^{+\infty} (-1)^k \mathrm{e}^{-2k^2\lambda^2} \tag{2.17}$$

按照显著水平 α 判断假设 H_0,累积频率检验就是由 λ 分布表中查出满足

$$Q(\lambda_a) = 1 - \alpha \tag{2.18}$$

的值 λ_a，当 n 足够大时，如果观察到的 $\sqrt{n}\delta(n)$ 大于或等于 λ_a，可以拒绝假设 H_0，否则没有理由拒绝假设 H_0。

3. 矩检验

在产生 n 个伪随机数后，可以给出观察值的各阶矩为

$$\hat{m}_k = \frac{1}{n}\sum_{i=1}^n \xi_i^k \tag{2.19}$$

根据假设 H_0，各阶矩和相应方差的理论值应为

$$m_k = \frac{1}{k+1}$$

$$\sigma_{k,n}^2 = \left(\frac{1}{2k+1} - m_k^2\right)\frac{1}{n} \tag{2.20}$$

根据中心极限定理，统计量为

$$Z_{k,n} = \frac{\hat{m}_k - m_k}{\sigma_{k,n}} \tag{2.21}$$

的分布函数 $F_n(Z)$ 的渐近正态分布为

$$\lim_{n\to\infty} F_n(Z) = Q(Z) = \frac{1}{\sqrt{2\pi}}\int_{-\infty}^Z e^{-\frac{z^2}{2}}\mathrm{d}Z \tag{2.22}$$

按照显著水平 α 判断假设 H_0，矩检验方法就是由正态分布表中查出满足

$$Q(Z_\alpha) = 1 - \alpha \tag{2.23}$$

的值 Z_α，当 n 足够大时，如果观察到的 $Z_{k,n}$ 大于或等于 Z_α，可以拒绝假设 H_0，否则没有理由拒绝假设 H_0。

4. 伪随机数的独立性检验

（1）多维频率检验。

将伪随机数序列 $\{\xi_1,\xi_2,\cdots,\xi_N\}$ 用任意一种办法进行组合，每 s 个伪随机数组成一个 S 维空间上的点，于是可以构成一个点列 $\{\xi_{1,1},\xi_{1,2},\cdots,\xi_{1,s}\}$，$\{\xi_{2,1}$，$\xi_{2,2},\cdots,\xi_{2,s}\}$，$\cdots$，$\{\xi_{n,1},\xi_{n,2},\cdots,\xi_{n,s}\}$。把 S 维空间上单位正方体分为 K 个子区域，n 个点被分为 K 组，令 n_k 为第 k 组的观察频数。按照假设 H_0，属于第 k 组的理论频数为

$$m_k = np_k \quad (k=1,2,\cdots,K) \tag{2.24}$$

式中，p_k 为随机数属于第 k 组的概率，等于第 k 个子区域的体积，同一维频率检验一样，统计量为

$$\chi^2 = \sum_{k=1}^K \frac{(n_k - m_k)^2}{m_k} \tag{2.25}$$

渐近具有自由度为 $K-1$ 的 χ^2 分布。这样便得到了判断假设 H_0 的基于 χ^2 检验的多维频率检验方法。

（2）列联表独立性检验。

用任意一种办法将伪随机数序列 $\{\xi_1,\xi_2,\cdots,\xi_N\}$ 两两组成二维空间上的点列 $\{\xi_{1,1},\xi_{1,2}\}$，$\{\xi_{2,1},\xi_{2,2}\}$，$\{\xi_{n,1},\xi_{n,2}\}$。将区间 $[0,1]$ 按两个指标分别分为 I 个和 K 个子区间，n 个点按第一个指标被分为 I 组，按第二个指标被分为 K 组，整体被分为 IK 组。令 n_{ik} 表示第一和第二指标分别属于第 i 组和第 k 组的观察频数，即

$$\begin{cases} n_{i\cdot} = \sum_{k=1}^{K} n_{ik} & (i=1,2,\cdots,I) \\ n_{\cdot k} = \sum_{i=1}^{I} n_{ik} & (k=1,2,\cdots,K) \end{cases} \tag{2.26}$$

并给出列联表（见表 2.1）。

表 2.1　列联表

i ＼ k	1	2	…	K	合计 $n_{i\cdot}$
1	n_{11}	n_{12}	…	n_{1K}	$n_{1\cdot}$
2	n_{21}	n_{22}	…	n_{2K}	$n_{2\cdot}$
⋮	⋮	⋮	⋮	⋮	⋮
I	n_{I1}	n_{I2}	…	n_{IK}	$n_{I\cdot}$
合计 $n_{\cdot k}$	$n_{\cdot 1}$	$n_{\cdot 2}$	…	$n_{\cdot K}$	n

由假设 H_0 中的独立性假设可知，若 p_{ik} 表示第一和第二指标分别属于第 i 组和第 k 组的概率，$p_{i\cdot}$ 和 $p_{\cdot k}$ 分别表示相应的边缘概率，则

$$p_{ik} = p_{i\cdot} \cdot p_{\cdot k} \tag{2.27}$$

根据最大似然估计可以得到

$$\begin{cases} p_{i\cdot} = \dfrac{n_{i\cdot}}{n} & (i=1,2,\cdots,I) \\ p_{\cdot k} = \dfrac{n_{\cdot k}}{n} & (k=1,2,\cdots,K) \end{cases} \tag{2.28}$$

由费雪定理知道统计量为

$$\chi^2 = n \sum_{i=1}^{I} \sum_{k=1}^{K} \frac{(n_{ik} - \frac{n_{i\cdot} \cdot n_{\cdot k}}{n})^2}{n_{i\cdot} n_{\cdot k}} \tag{2.29}$$

渐近于具有自由度为 $(I-1)(K-1)$ 的 χ^2 分布，这样便得到了判断假设 H_0 中独立性假设的 χ^2 检验。

（3）多维矩检验。

用任意一种办法将伪随机数序列 $\{\xi_1,\xi_2,\cdots,\xi_N\}$ 中每 s 个伪随机数组成一个点,构成 S 维空间上的一个点列 $\{\xi_{1,1},\xi_{1,2},\cdots,\xi_{1,s}\}$,$\{\xi_{2,1},\xi_{2,2},\cdots,\xi_{2,s}\}$,$\cdots$,$\{\xi_{n,1},\xi_{n,2},\cdots,\xi_{n,s}\}$。于是观察值的多维矩为

$$\overset{*}{m}_{k_1 k_2 \cdots k_s} = \frac{1}{n}\sum_{i=1}^{n} \xi_{1,i}^{k_1} \xi_{2,i}^{k_2} \cdots \xi_{s,i}^{k_s} \tag{2.30}$$

多维矩和相应方差的理论值为

$$\begin{cases} m_{k_1 k_2 k_s,n} = \dfrac{1}{(k_1+1)(k_2+1)\cdots(k_s+1)} \\ \sigma_{k_1 k_2 \cdots k_s,n}^2 = \dfrac{1}{n}\left\{ \dfrac{1}{(2k_1+1)(2k_2+1)\cdots(2k_s+1)} - m_{k_1 k_2 \cdots k_s,n}^2 \right\} \end{cases} \tag{2.31}$$

根据中心极限定理,统计量为

$$Z_{k_1 k_2 \cdots k_s,n} = \frac{\overset{*}{m}_{k_1 k_2 \cdots k_s,n} - m_{k_1 k_2 \cdots k_s,n}}{\sigma_{k_1 k_2 \cdots k_s,n}} \tag{2.32}$$

的分布函数渐近于正态分布,便可得到类似于矩检验的多维矩检验方法。

（4）链法检验。

将伪随机数序列 $\{\xi_1,\xi_2,\cdots,\xi_N\}$ 按某种规律分为两类,分别称为 a 类和 b 类,属于 a 类的概率为 p,属于 b 类的概率为 $q=1-p$。如小于概率 p 的称为 a 类,大于或等于 p 的称为 b 类,就是一种分类方法。按伪随机数序列出现的先后顺序进行排列

a a b b b a b b a a a a b b b

由同类元素组成链,所含同类元素的个数为链长。令 n_1 和 n_2 分别为 a 类和 b 类元素的个数,$r_{1,i}$ 和 $r_{2,i}$ 分别表示链长为 i 的 a 类和 b 类的链数,则

$$n = n_1 + n_2$$
$$\sum_i i r_{1,i} = n_1$$
$$\sum_i i r_{2,i} = n_2$$

若用 R_1 和 R_2 分别表示 a 类和 b 类元素的链数,R 表示总链数,则

$$R_1 = \sum_{i=1}^{n_1} r_{1,i}$$
$$R_2 = \sum_{i=1}^{n_2} r_{2,i}$$
$$R = R_1 + R_2$$

关于统计量 R 的分布有如下结果:

$$p(R=2v) = 2\binom{n_1-1}{v-1}\binom{n_2-1}{v-1} p^{n_1} q^{n_2}$$

$$p(R = 2v+1) = \left\{ \binom{n_1-1}{v} \binom{n_2-1}{v-1} + \binom{n_1-1}{v-1} \binom{n_2-1}{v} \right\} p^{n_1} q^{n_2}$$

$$(2.33)$$

其中,右侧( )表示组合数,统计量 R 的数学期望和方差由下式给出:

$$\begin{cases} E(R) = p^2 + q^2 + 2npq \\ \sigma^2(R) = 4npq(1 - 3pq) - 2pq(3 - 10pq) \end{cases} \quad (2.34)$$

统计量 R 渐近地服从正态分布为

$$N(2pq, 2\sqrt{npq(1-3pq)})$$

其中,$N(m, \sigma)$ 表示正态分布,即

$$\frac{1}{\sigma\sqrt{2\pi}} \exp\left\{ -\frac{(x-m)^2}{2\sigma^2} \right\}$$

2.3　随机抽样

上文所述的伪随机数是由单位矩形分布总体中产生的简单子样,因此随机产生随机数属于抽样问题,是随机抽样问题中的一种特殊情况。在这里将要讨论的随机抽样问题是指对任意给定分布的随机抽样,而又是在假设随机数已知的情况下进行讨论的,所用的数学方法可以确定,只要随机数序列满足均匀且相互独立的要求,那么由其产生的任何分布的简单子样严格满足具有相同总体分布且相互独立的要求。

在讨论产生随机数的方法时,主要考虑两个问题:一是产生的随机数序列均匀性和独立性是否好,二是产生随机数的费用是否高。例如,用物理方法产生随机数的费用高,虽然它具有均匀性和独立性都好的优点,但也不常被使用。随机抽样与此不同,因为它所产生的随机变数序列 $\{X_1, X_2, \cdots, X_N\}$ 的相互独立性和是否具有相同分布,不取决于随机抽样方法本身,而只取决于所用随机数的独立性和均匀性如何。由已知分布的随机抽样,其主要目的是为了在计算机上使用,对于某种随机抽样方法,只要省机器时间,不管它的实现如何复杂,都被认为是一种好的方法。因此,在讨论随机抽样方法时,只考虑随机抽样的费用如何。

由已知分布的随机抽样指的就是由已知分布的总体中产生简单子样。令 $F(x)$ 表示已知分布,$\{X_1, X_2, \cdots, X_N\}$ 表示由总体 $F(x)$ 中产生的容量为 N 的简单子样。按照简单子样的定义,随机变数序列 $\{X_1, X_2, \cdots, X_N\}$ 相互独立,具有相同的分布 $F(x)$。为方便起见,在后面将把由已知分布的随机抽样简称为随机抽样,并用 X_F 表示由已知分布 $F(x)$ 产生的简单子样 $\{X_1, X_2, \cdots, X_N\}$ 中

的个体。对于连续型分布常用分布密度函数 $f(x)$ 表示总体的已知分布,这时一般用 X_f 表示山已知连续分布函数 $f(x)$ 产生的简单子样 $\{X_1,X_2,\cdots,X_N\}$ 中的个体。

2.3.1　直接抽样方法

对于任意给定的分布函数 $F(x)$,直接抽样方法用下列公式表示:

$$X_n = \inf_{F(t)\geqslant \xi_n} t \quad (n=1,2,\cdots,N) \tag{2.35}$$

式中,$\{\xi_1,\xi_2,\cdots,\xi_N\}$ 为随机数序列。为方便起见,将上式简化为

$$X_F = \inf_{F(t)\geqslant \xi} t \tag{2.36}$$

对于任意离散型分布为

$$F(x) = \sum_{x_i < x} p_i \tag{2.37}$$

式中,$x_1,x_2,\cdots$ 为离散型随机变数的跳跃点;$p_1,p_2,\cdots$ 为相应的概率。

根据上述直接抽样方法,具有离散型分布的直接抽样方法为

$$\begin{cases} X_F = x_i^* \\ \sum_{i=1}^{i^*-1} p_i < \xi \leqslant \sum_{i=1}^{i^*} p_i \end{cases} \tag{2.38}$$

而对于连续型分布,如果分布函数 $F(x)$ 的反函数 $F^{-1}(y)$ 存在,则直接抽样方法是 $X_F = F^{-1}(\xi)$。

对于更一般的分布,根据分布函数的分解定理,任意分布总可以表示为离散型分布与若干个存在反函数的连续型分布的和。如此,对于任意分布总可以通过上述两式实现随机抽样。

2.3.2　选择抽样方法

连续分布函数 $f(x)$ 在 $[0,1]$ 上分布,并假设 $f(x)$ 是有界的,即

$$f(x) \leqslant M \tag{2.39}$$

则选择抽样方法如下:

$$M\xi' \leqslant f(\xi)? \quad \xrightarrow{\text{否}} \quad \tag{2.40}$$

是

$$X_f = \xi$$

其具体过程是在区域

$$0 \leqslant x \leqslant 1; \quad 0 \leqslant y \leqslant M$$

内产生均匀的相互独立的随机点列 $\{\xi_1, M\xi_2\}, \{\xi_3, M\xi_4\}, \cdots, \{\xi_{2N-1}, M\xi_{2N}\}$，抛弃在 $f(x)$ 之上的所有点，保留 $f(x)$ 之下的所有点，从而形成在区域

$$0 \leqslant x \leqslant 1; \quad 0 \leqslant y \leqslant f(x)$$

内均匀的相互独立的随机点列 $(X_1, Y_1), (X_2, Y_2), \cdots, (X_{N'} Y_{N'})$，由此产生的 $\{X_1, X_2, \cdots, X_{N'}\}$，即为由已知的总体分布 $f(x)$ 中产生的简单子样。

2.3.3　复合抽样方法

随机变数 x 服从的分布与参数 y 有关，而 y 也是一个随机变数，它服从一个确定的分布，此时称随机变数 x 服从一个复合分布。复合分布的一般形式为

$$f(x) = \int f_2(x \mid y) \mathrm{d}F_1(y) \tag{2.41}$$

式中，$f_2(x \mid y)$ 表示与参数 y 有关的条件分布密度函数。对于复合分布可采用复合抽样方法，其过程如下：

首先由分布 $F_1(y)$ 抽样确定 $Y_{F_1}(y=Y_{F_1})$，然后再从分布 $f_2(x \mid Y_{F_1})$ 中确定 $X_{f_2(x|Y_{F_1})}$，即

$$X_f = X_{f_2(x|Y_{F_1})} \tag{2.42}$$

2.3.4　随机抽样一般方法

1. 加分布抽样法

加分布函数可表示为

$$f(x) = \sum_{n=1}^{\infty} p_n f_n(x) \quad (p_n \geqslant 0; \quad \sum_n p_n = 1) \tag{2.43}$$

式中，$f_n(x)$ 是与参数 n 有关的分布密度函数，$n=1,2,\cdots$。这实际上是复合分布的一种特殊情况。根据复合抽样方法，应采用两步抽样。首先按

$$F(y) = \sum_{n<y} p_n \tag{2.44}$$

用直接抽样法确定 $n, F(n-1) < \xi \leqslant F(n)$，然后按 $f_n(x)$ 产生抽样

$$X_f = X_{f_n} \tag{2.45}$$

其费用为

$$C(X_f) = C(\xi) + \sum_{n=1}^{\infty} p_n \{C(\xi \leqslant F(n)) + C(X_{f_n})\} \tag{2.46}$$

2. 乘分布抽样法

乘分布函数可表示为

$$f(x) = H(x)f_1(x)$$

式中，$f_1(x)$ 为任意的分布密度函数，$H(x) \leqslant M$。

如图 2.1(a) 所示，乘分布抽样的方法为：首先从 $f_1(x)$ 中抽样 X_{f_1}，然后取一个随机数 ξ，若有 $M\xi \leqslant H(X_{f_1})$，则取 $X_f = X_{f_1}$。其程序流程如下：

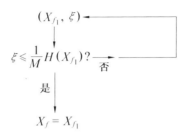

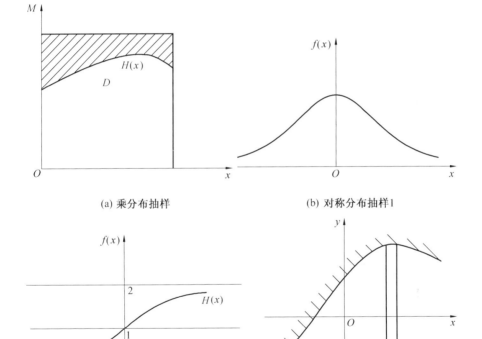

(a) 乘分布抽样　　　　　　　　(b) 对称分布抽样1

(c) 对称分布抽样2　　　　　　　(d) 积分分布抽样

图 2.1　随机分布抽样示意图

3. 减分布抽样法

密度函数 $f(x)$ 可表示为

$$f(x) = A_1 f_1(x) - A_2 f_2(x) \qquad (2.47)$$

式中，A_1 和 A_2 为非负实数；$f_1(x)$ 和 $f_2(x)$ 为任意两个分布密度函数。这种分布称为减分布。

减分布抽样的一种方法是将 $f(x)$ 改写为

$$f(x) = (A_1 - A_2 \frac{f_2(x)}{f_1(x)}) f_1(x) = H(x) f_1(x) \tag{2.48}$$

设 $m = \inf\{f_2(x)/f_1(x)\}$，则 $H(x) \leqslant A_1 - mA_2$。

减分布抽样的另一种方法是将 $f(x)$ 改写为

$$f(x) = (A_1 \frac{f_1(x)}{f_2(x)} - A_2) f_2(x) = H(x) f_2(x) \tag{2.49}$$

此时

$$H(x) \leqslant (A_1/m - A_2) = (A_1 - mA_2)/m$$

4. 乘加分布抽样法

密度函数 $f(x)$ 可表示为

$$f(x) = \sum_n H_n(x) f_n(x) \tag{2.50}$$

式中，$H_n(x) \geqslant 0$，$f_n(x)$ 为任意的分布函数，$n = 1, 2, \cdots$，这种分布称为乘加分布。

下面只考虑两项的情况来说明此方法的含义，设

$$f(x) = H_1(x) f_1(x) + H_2(x) f_2(x)$$

将上式改写为

$$f(x) = p_1 \cdot \frac{H_1(x) f_1(x)}{p_1} + p_2 \cdot \frac{H_2(x) f_2(x)}{p_2} =$$
$$p_1 \overline{f_1}(x) + p_2 \overline{f_2}(x)$$
$$p_1 = \int H_i(x) f_i(x) \mathrm{d}x \quad (i = 1, 2; p_1 + p_2 = 1)$$

5. 乘减分布抽样法

密度函数 $f(x)$ 可表示为

$$f(x) = H_1(x) f_1(x) - H_2(x) f_2(x) \tag{2.51}$$

乘减分布抽样法的一种方法是将 $f(x)$ 改写为

$$f(x) = f_1(x)\{H_1(x) - H_2(x) f_2(x)/f_1(x)\} = f_1(x) H(x) \tag{2.52}$$
$$H(x) \leqslant M_1(1 - m) \quad H_1(x) \leqslant M_1$$
$$\frac{H_2(x) f_2(x)}{H_1(x) f_1(x)} \leqslant m$$

乘减分布抽样法的另一种方法是将 $f(x)$ 改写为

$$f(x) = f_2(x) \left\{ \frac{H_1(x) f_1(x)}{f_2(x)} - H_2(x) \right\} = f_2(x) H(x) \tag{2.53}$$
$$H(x) \leqslant M_2 \{ \frac{1}{m} - 1 \}; \quad H_2(x) \leqslant M_2$$

6. 对称分布抽样法

密度函数 $f(x)$ 可表示为

$$f(x) = f_1(x) + H(x) \tag{2.54}$$

式中, $H(x)$ 为任意的奇函数, 即有 $H(-x) = -H(x)$; $f_1(x)$ 为任意的分布密度函数且为偶函数, 即有 $f_1(-x) = f_1(x)$。这种分布称为对称分布。

将 $f(x)$ 改写为

$$f(x) = f_1(x)\left[1 + \frac{H(x)}{f_1(x)}\right] = f_1(x)\bar{H}(x) \tag{2.55}$$

令

$$H_1(x) = \frac{1}{2}\bar{H}(x)$$

如图 2.1(b)、图 2.1(c) 所示, 若单纯用选择抽样法, 那么只有 50% 的效率; 但由于 $H(x)$ 具有关于点 $(0,1)$ 的中心对称性, 可以做如下改进。

从分布 $f_1(x)$ 产生抽样 X_{f_1}, 并且考虑二维抽样 $(\pm X_{f_1}, \xi)$, 对 X_f 做如下选择:

$$(\pm X_f, \xi)$$
$$\downarrow$$
$$\xi \leqslant H_1(X_{f_1})?$$

是 ↓　　　　否 ↓

$$X_f = X_{f_1} \qquad X_f = -X_{f_1}$$

根据这种方法, 可有如下正确性证明:

$$\{x < X_f \leqslant x + \mathrm{d}x\} = \{x < X_{f_1} \leqslant x + \mathrm{d}x, \xi \leqslant H_1(x)\} \bigcup$$
$$\{x < -X_{f_1} \leqslant x + \mathrm{d}x, \xi \geqslant H_1(x)\} =$$
$$\{x < X_{f_1} \leqslant x + \mathrm{d}x, \xi \leqslant H_1(x)\} \bigcup \{x < -X_{f_1} \leqslant x + \mathrm{d}x, \eta \leqslant H_1(-x)\} \tag{2.56}$$

7. 积分分布抽样法

密度函数 $f(x)$ 可表示为

$$f(x) = \frac{\displaystyle\int_{-\infty}^{H(x)} f_0(x, y)\mathrm{d}y}{\displaystyle\int_{-\infty}^{+\infty} \mathrm{d}x \int_{-\infty}^{H(x)} f_0(x, y)\mathrm{d}y} \tag{2.57}$$

这种分布称为积分分布, 其中 $f_0(x, y)$ 为任意的二维分布密度函数, $H(x)$ 为任意函数, 如图 2.1(d) 所示。

对此做如下抽样即选择抽样:

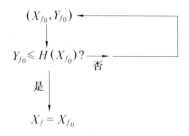

根据选择抽样,有

$$\{x < X_f \leqslant x + \mathrm{d}x\} = \{x < X_{f_0} \leqslant x + \mathrm{d}x \mid Y_{f_0} \leqslant H(X_{f_0})\}$$

所以其概率应为

$$P\{x < X_f \leqslant x + \mathrm{d}x\} = f(x)\mathrm{d}x = \frac{P\{x < X_{f_0} \leqslant x + \mathrm{d}x, Y_{f_0} \leqslant H(x)\}}{P\{Y_{f_0} \leqslant H(x)\}}$$

$$(2.58)$$

从而证明了方法的正确性。

2.3.5 Metropolis 抽样

设欲从离散分布

$$\pi_i > 0, \quad \sum_{i=1}^{I} \pi_i = 1 \quad (i = 1, 2, \cdots, I) \tag{2.59}$$

抽样。Metropolis 抽样方法就是要构造一个有限状态的均匀马尔可夫链,它的转移概率矩阵 $\boldsymbol{P} = (p_{ij})$ 的元素与单个 π_i 矩阵元无关,只能与比值 $\pi_l / \pi_{l'}$ 有关。转移概率矩阵 $\boldsymbol{P} = (p_{ij})$ 还满足以下条件[3]:

(1) $p_{ij} \geqslant 0, \quad \sum_{j=1}^{I} p_{ij} = 1 \quad (i = 1, 2, \cdots, I)$ \hfill (2.60)

(2) $\pi_i p_{ij} = \pi_j p_{ji}$ \hfill (2.61)

或 $\qquad \pi_j = \sum_{i=1}^{I} \pi_i p_{ij} \quad (i, j = 1, 2, \cdots, I)$ \hfill (2.62)

(3) 马尔可夫链是各态历经的,即

$$\lim_{m \to \infty} p_{ij}(m) = p_j \quad (i, j = 1, 2, \cdots, I) \tag{2.63}$$

于是,分布(2.59)的子样

$$i_0, i_1, i_2, \cdots, i_m, i_{m+1}, \cdots \quad (1 \leqslant i_m \leqslant I) \tag{2.64}$$

可以通过模拟由 $\boldsymbol{P}$ 确定的马尔可夫链得到,即:

① i_0 由任意选定的初始分布 S_i 抽样得到,其中

$$S_i \geqslant 0, \quad \sum_{i=1}^{I} S_i = 1 \quad (i = 1, 2, \cdots, I) \tag{2.65}$$

② 对任意正数 $m > 0$，当 i_m 确定后，i_{m+1} 由转移概率矩阵 $\boldsymbol{P}$ 的第 i_m 行 $p_{i_m i_{m+1}}$ 抽样产生。

③ $m = m + 1$，重复 ② 即可得到式 (2.64)。

对于这种抽样方法，容易证明以下几点：

第一，马尔可夫链的极限概率 p_i 存在，且

$$p_i = \pi_i \quad (i = 1, 2, \cdots, I) \tag{2.66}$$

这是因为，$\{\pi_1, \pi_2, \cdots, \pi_I\}$ 满足式 (2.62)，而 $\{p_1, p_2, \cdots, p_I\}$ 也满足式 (2.62)，而且是唯一解。

第二，子样 (2.64) 中的元素 i_m 的分布 $\pi_i^{(m)} = \boldsymbol{P}(i_m = i)$ 有

$$\lim_{m \to \infty} \pi_i^{(m)} = \pi_i \quad (i = 1, 2, \cdots, I) \tag{2.67}$$

这是因为

$$\pi_i^{(m)} = \boldsymbol{P}(i_m = i) = \sum_{i_0 = 1}^{I} S_{i_0} p_{i_0 i}^{(m)} \quad (i = 1, 2, \cdots, I) \tag{2.68}$$

当 $m \to \infty$ 时，对方程两端取极限，并利用式 (2.66) 得到式 (2.67)。

第三，分布 $(\pi_1^{(m)}, \pi_2^{(m)}, \cdots, \pi_I^{(m)})$ 实际上是式 (2.62)，初始值为 $\{S_1, S_2, \cdots, S_I\}$，$m$ 次迭代的结果。实际上，由式 (2.68) 知

$$\pi_i^{m+1} = \sum_{i_0 = 1}^{I} S_{i_0} p_{i_0 i}^{(m+1)} = \sum_{i_0 = 1}^{I} S_{i_0} \sum_{i_m = 1}^{I} p_{i_0 i_m}^{(m)} p_{i_m i} =$$

$$\sum_{i_m = 1}^{I} \left(\sum_{i_0 = 1}^{I} S_{i_0} p_{i_0 i_m}^{(m)} \right) p_{i_m i} = \sum_{i_m = 1}^{I} \pi_{i_m}^{(m)} p_{i_m i} \tag{2.69}$$

或者

$$\pi_j^{(m+1)} = \sum_{i = 1}^{I} \pi_i^{(m)} p_{ij} \quad (j = 1, 2, \cdots, I) \tag{2.70}$$

第四，由子样式 (2.62) 可得到算术平均值为

$$A_M = \frac{1}{M} \sum_{m = i}^{M} A_{im} \tag{2.71}$$

如果 A_i 是有界的，那么有

$$\langle (A_i - \langle A \rangle)^2 \rangle = O(M^{-1}) \tag{2.72}$$

其中

$$\langle A \rangle = \sum_{i = 1}^{I} A_i \pi_i$$

换句话说，当 $M \to \infty$ 时，A_M 以平方平均收敛于 $\langle A \rangle$。

显然，Metropolis 等人最早使用的转移概率矩阵 $\boldsymbol{P}^M$ 是满足式 $(2.59) \sim (2.63)$ 的。

2.3.6　抽样费用

随机抽样的方法还有一些，具体选择何种抽样方法，主要以抽样费用作为

选择标准。所谓抽样费用就是由已知分布 $F(x)$ 的总体中产生简单子样时,产生每个个体 X_p 所需要的平均费用。由于随机抽样在电子计算机上产生,因此抽样费用可定义为在电子计算机上实现随机抽样时运算量的大小或耗费机时的多少。对于各种随机抽样方法的费用,可参考其他资料。

2.4 Monte Carlo 法的精度与改进

Monte Carlo 法的理论基础是概率论中的大数定理和中心极限定理,按大数定理,若 $\{\xi_1,\xi_2,\cdots,\xi_N\}$ 为一相互独立的随机变量序列,服从同一分布,数学期望值 $E\xi_i=a$ 存在,则对任意 $\varepsilon>0$,有

$$\lim p\left\{\left|\frac{1}{n}\sum_{i=1}^{n}\xi_i-a\right|<\varepsilon\right\}=1 \tag{2.73}$$

Monte Carlo 法就是用某个随机变量 X 的简单子样 $\{x_1,x_2,\cdots,x_n\}$ 的算术平均值作为随机变量 X 的期望值 $E(x)$ 的近似。大数定理指出,当 $n\to\infty$ 时,x_i 的算术平均值 $\bar{x}_n$ 以概率 1 收敛到期望值。

中心极限定理是指若 $\{\xi_1,\xi_2,\cdots,\xi_N\}$ 为一个相互独立的随机变量序列,服从同一分布,具有有限数学期望 a 及有限方差 $\sigma^2\neq0$,则当 $n\to\infty$ 时,有

$$p\left(\left|\frac{1}{n}\sum_{i=1}^{n}\xi_i-a\right|<\frac{\lambda_a\sigma}{\sqrt{n}}\right)=\frac{1}{\sqrt{2\pi}}\int_{-\lambda}^{+\lambda}\mathrm{e}^{-\frac{t^2}{2}}\mathrm{d}t=1-a \tag{2.74}$$

依据中心极限定理,当 n 很大时,不等式为

$$\left|\frac{1}{n}\sum_{i=1}^{n}\xi_i-a\right|<\frac{\lambda_a\sigma}{\sqrt{n}}$$

其成立的概率为 $1-a$。a 称为可信度,$1-a$ 就是置信水平。a 和 λ_a 的关系可在正态分布的积分表中查得,若 $a=0.05$,则 $\lambda_a=1.9600$。

Monte Carlo 法的误差是指在一定概率保证下的误差,由上可知,$\bar{\xi}_n$ 值落在

$$\left(a-\frac{\lambda_a\sigma}{\sqrt{n}},a+\frac{\lambda_a\sigma}{\sqrt{n}}\right)$$

内的概率为 $1-a$,置信水平 $1-a$ 越接近于 1,在误差允许范围内估计量 $\bar{\xi}_n$ 的可靠性就越大。由此得知,当给定可信度 a 后,Monte Carlo 法的误差由 σ 和 $\sqrt{n}$ 决定,为了减少误差,就应当选取最优的随机变量,使其方差 σ 最小,在方差固定时,增加模拟次数可以减少误差。当然还得考虑机时耗费,因为精度要提高一位数,就要增加 100 倍的工作量,因此通常以方差和费用的乘积作为衡量方法优劣的标准。

通常采用改进的 Monte Carlo 法来提高其精度,主要改进方法有以下几种。

2.4.1　利用非独立随机变量序列

为了使估计量 ξ_n 依概率收敛于其真值 E，随机变量间相互独立的假设并不是必要的。马尔可夫定理指出，只要随机变数 $\xi_1, \xi_2, \cdots, \xi_n$ 满足

$$\sigma^2 \left\{ \frac{1}{n} \sum_{i=1}^{n} \xi_i \right\} \rightarrow 0$$

对任意正数 $\varepsilon > 0$，则有

$$\lim p \left\{ \left| \frac{1}{n} \sum_{i=1}^{n} \xi_i - E \right| < \varepsilon \right\} \rightarrow 1 \qquad (2.75)$$

因此，只要序列 $\xi_1, \xi_2, \cdots, \xi_n$ 满足上式，则 ξ_n 总能依概率收敛于其真值 E。另外，根据切比雪夫不等式，有

$$P(|\xi_n - E| < \varepsilon' \sigma(\xi_n)) \geqslant 1 - \frac{1}{\varepsilon'^2} \qquad (2.76)$$

如果令

$$\varepsilon' = \frac{1}{a}$$

则有

$$P(|\xi_n - E| < \sigma(\xi_n)/a) \geqslant 1 - a \qquad (2.77)$$

因此很明显，在一定的可信度下，误差直接取决于 $\bar{\xi}_n$ 的均方差 $\sigma(\bar{\xi}_N)$ 的大小。

设

$$\sigma^2(\xi_i) = \sigma^2 \quad (i = 1, 2, \cdots)$$

$$\mathrm{cov}(\xi_m, \xi_n) = \rho_{m,n} \sigma(\xi_m) \sigma(\xi_n) = \rho_{m,n} \sigma^2$$

式中，$\mathrm{cov}(\xi_m, \xi_n)$ 表示随机变数 ξ_m 与 ξ_n 的协方差；$\rho_{m,n}$ 表示 ξ_m 与 ξ_n 的相关系数。

于是有

$$\sigma^2(\xi_N) = \frac{1}{n^2} \left(\sum_{n=1}^{n} \sum_{m=1}^{n} \mathrm{cov}(\xi_m, \xi_n) \right) = \frac{\sigma^2}{n} \left(1 + \sum_{m \neq n} \rho_{m,n} \right) \qquad (2.78)$$

在序列相互独立的情况下，由于 $\rho_{m,n} = 0 (m \neq n)$，所以有

$$\sigma^2(\bar{\xi}_n) = \sigma^2/n \qquad (2.79)$$

若使

$$\sum_{m \neq n} \rho_{m,n} < 0$$

则可得

$$\sigma^2(\bar{\xi}_n) < \sigma^2/n \qquad (2.80)$$

即在相关序列下的估计，有可能比在独立情况下的估计更好。

2.4.2 序列 Monte Carlo 法

除了上述改进的方法外,还可以将统计学中序列分析方法应用到 Monte Carlo 法中。其基本思想是根据试验的结果,设计新的抽样计划。相当于在 Monte Carlo 法中所选的随机变量 ξ_i 不仅与当前试验出现的事件 i_n 有关,而且与 n 的试验结果有关,将它表示成 $\xi_n(i_n, \xi_1, \cdots, \xi_{n-1})$。

考虑到新的随机变数序列 $\{\xi_n(i_n, \xi_1, \cdots, \xi_{n-1}), n=1,2,\cdots\}$,要求

$$\sigma^2(\xi_1) \geqslant \sigma^2(\xi_2) \geqslant \cdots \geqslant \sigma^2(\xi_N) \geqslant \cdots$$

并且当 $N \rightarrow \infty$ 时,有

$$\sigma^2(\xi_N) \rightarrow 0$$

然后定义新的估计量为

$$\bar{\xi}'_N = \sum_{m=1}^{N} W_m^{(N)} \xi_m \tag{2.81}$$

式中,$W_m^{(N)}$ 是权重系数,满足条件

$$W_m^{(N)} \geqslant 0; \quad \sum_{m=1}^{N} W_m^{(N)} = 1$$

并使方差极小。

2.5 Monte Carlo 法在材料科学中的应用

2.5.1 Monte Carlo 法在不同系综下的应用

在统计物理中,平衡态下某一物理量 A 的平均观察量 $\langle A \rangle$ 是按某一系综分布来取的,即

$$\langle A \rangle = \int_{\Omega} A(x) p(x) \mathrm{d}x \tag{2.82}$$

式中,x 表示相空间 Ω 中的一个点(或一个态、一个组态、一个位形);$p(x)$ 为这个物理系统的系综分布;$A(x)$ 为某个微观观察量。

显然,$\langle A \rangle$ 实际上是一个平均值或称为期望值,因为系综分布 $p(x)$ 满足条件

$$p(x) \geqslant 0; \quad \int_{\Omega} p(x) \mathrm{d}x = 1 \tag{2.83}$$

假定,这个系综有 N 个相同性质的粒子,每个粒子的状况通常由一系列动力学参数(位置 r、速度 v、自旋 s 等)来描述,用

$$a = f(r, v, s, \cdots)$$

表示。于是,Ω 中的点 x 可表示为

$$x = f(a_1, a_2, \cdots, a_N) \tag{2.84}$$

正则系综是最常用的系综。其系综的 3 个参数(粒子数 N、温度 T 和体积 V) 固定,其分布密度函数符合 Boltzmann(玻耳兹曼)分布,即

$$p\langle x \rangle = \frac{e^{-H_N(x)/k_B T}}{\int_\Omega e^{-H_N(x)/k_B T} dx} \tag{2.85}$$

式中,k_B 为 Boltzmann 常数;T 为系综周围的绝对温度。

$H_N(x)$ 为哈密顿量,它是由系综中粒子间的相互作用和外部影响所决定的,也就是由系综的能量决定的。这时,表示系综平均量的式(2.82)可改写为

$$\langle A \rangle = \frac{\int_\Omega A(x) e^{-H_N(x)/k_B T} dx}{\int_\Omega e^{-H_N(x)/k_B T} dx} \tag{2.86}$$

如果系综的状态 x 取离散点上的值,那么积分式(2.86)就转变为求和,即

$$\langle A \rangle = \frac{\sum_i A(x_i) e^{-H_N(x_i)/k_B T}}{\sum_i e^{-H_N(x_i)/k_B T}} \tag{2.87}$$

在平衡态统计物理中,除了正则系综以外,还有微正则系综、巨正则系综和等温等压系综。微正则系综是描写孤立的、能量固定的系综的统计平衡下的状态。而在巨正则系综中,化学势 μ、体积 V 和温度 T 保持固定,粒子数 N 是变化的,它的分布密度函数为

$$p(N, x) = \frac{e^{\mu N/k_B T} e^{-H_N(x)/k_B T}}{\int_0^\infty \int_\Omega e^{\mu N/k_B T} e^{-H_N(x)/k_B T} dN dx} \tag{2.88}$$

至于等温等压系综,压力 p、温度 T 和粒子数 N 保持固定,而体积 V 变化,其分布密度函数为

$$p(V, x) = \frac{e^{-(pV + H_N(x)/k_B T)}}{\int_0^\infty dV \int_\Omega e^{-(pV + H_N(x)/k_B T)} dx} \tag{2.89}$$

由于计算巨正则系综和等温等压系综的平均观察量所使用的方法是直接抽样法和随机抽样法,在原理上与计算正则系综的平均量是相同的,因此下面主要讨论正则系综的平均量计算。

计算式(2.86)的系综平均量 $\langle A \rangle$ 的一种方法是从某个已知分布密度

$$\pi(x) \geqslant 0; \quad \int_\Omega \pi(x) dx = 1$$

抽样($x_m, m = 1, 2, \cdots, M$),然后,分别计算式(2.86)中的分子和分母,那么,

$\langle A \rangle$ 的估计为

$$\langle A \rangle \approx \frac{\sum_{m=1}^{M} A(x_m) e^{-H_N(x_m)/k_B T} [\pi(x_m)]^{-1}}{\sum_{m=1}^{M} e^{-H_N(x_m)/k_B T} [\pi(x_m)]^{-1}} \qquad (2.90)$$

$\pi(x)$ 的选法多种多样。可取系综分布本身,即取

$$\pi(x) = \frac{e^{-H_N(x)/k_B T}}{\displaystyle\int_{\Omega} e^{-H_N(x)/k_B T} dx}$$

因此,式(2.90)变为

$$\langle A \rangle \approx A_M = \frac{1}{M} \sum_{m=1}^{M} A(x_m) \qquad (2.91)$$

剩下的问题是如何由 $\pi(x)$ 抽样 x。由于在 $\pi(x)$ 中有一个未知的归一常数(分母)

$$\int_{\Omega} e^{-H_N(x)/k_B T} dx \qquad (2.92)$$

因此,直接法抽样难以应用。另外,由于 $H_N(x)$ 的复杂性,或者难以求得 $\pi(x)$ 的最大值($H_N(x)$ 可能取负值);或者虽能求得 $\pi(x)$ 的最大值,但 $\pi(x)$ 随 x 变化值相差很大,都使随机法失效。而 Metropolis 抽样方法可巧妙地解决这类分布的抽样问题。

应用 Metropolis 抽样方法计算系综平均值(式(2.86)和式(2.87)的一类量)时,还必须注意如下几个计算中的细节问题。

1. 随机数的使用

一般说来,在 Monte Carlo 法的计算中,要对所有的伪随机数预先进行检验,即做随机性和均匀性检验。目前,计算机上配置的产生随机数的程序已都经过检验,通过计算没有发现计算结果的系统偏差。由于在统计物理中用 Monte Carlo 法计算的问题多是超高维的积分或求和,因此,对随机数进行额外的检验是必要的。可用 Metropolis 抽样方法计算 Ising 模型,将它与已知的精确结果进行比较,以确定随机数的好坏。

现代计算机上都配有随机数生成程序,或为函数,或为子程序,使用时可以直接调用。它们的名字通常取 RAN、RAND 或 RANF 等,这是取随机数英文名 random number 的前几个字母而形成的。

2. 初始分布的影响

从理论上讲,初始状态的选取除了影响收敛速度以外,不会对计算结果有影响。然而在实际计算中,只能计算有限个状态上的值,因此必须考虑初始状态选取的影响问题。考察这种影响可有两种方法:第一种方法是选取不同的初

始状态进行计算,并考虑计算结果的差异,如差异很小可认为结果可靠;第二种方法是舍去分布未达到收敛的前 m_0 个状态,于是式(2.91)中的 A_M 用下式代替,即

$$A'_M = \frac{1}{M_m} \sum_{m_0+1}^{m_0+N} A(x_{i_m}) \tag{2.93}$$

然而如何确定 m_0 值的大小是一个没有解决的问题,目前通常是通过观察和经验决定。

3. 方差的估计

直接估计 A'_M 的方差比较困难,因为在子样中 x_{i_m} 与 $x_{i_{m+1}}$ 相关。不过可以用以下的方法近似估计,令

$$A_n = \frac{1}{K_m} \sum_{m_0+(n-1)K+1}^{m_0+nK} A(x_{i_m})$$

$$M = nK \quad (n=1,2,\cdots,N)$$

于是

$$A'_M = \frac{1}{N} \sum_{n=1}^{N} A_n$$

当 K 比较大时,可以假定 $\{A_n\}_{n=1}^N$ 相互独立分布,于是 A_n 的方差可估计为

$$\sigma_n^2 = \frac{N}{N-1}\left(\frac{1}{N}\sum_{n=1}^{N} A_n^2 - A_M'^2\right) \tag{2.94}$$

由此得到 A'_M 的方差 σ_M^2 的估计为

$$\sigma_M^2 = \frac{1}{N}\sigma_n^2 \tag{2.95}$$

4. 周期边界条件

计算中的另一个问题是边界条件问题,在计算实际统计物理问题时,只能考虑有限的小系统(有限粒子数、有限体积等),不可能考虑粒子数趋向无穷的整个系统。为了用有限的小系统模拟无限的整个系统,必须引入适当的边界条件,克服有限的边界效应。周期边界条件是最常用的一类边界条件,设系统的形状为 S 维超长方体,各维线性尺寸为 $L_i(i=1,2,\cdots,S)$,于是周期边界条件可表示为

$$A(x+L_i) = A(x) \tag{2.96}$$

式中,x 为 S 维超长方体中的任意点,即

$$x = (x_1,x_2,\cdots,x_i,\cdots,x_S)$$

$$L_i = (0,0,\cdots,L_i,\cdots,0)$$

而 $A(x)$ 为任意一个观察量。

除了周期边界条件以外,还有其他边界条件,如反周期边界条件、自由边界条件和自洽边界条件等。对一个具体问题,选用哪种边界条件,通常要由物理问题的性质来决定。

2.5.2　Monte Carlo 法在晶粒长大中的应用

晶粒长大是纯金属、合金、陶瓷等多晶体材料中最普遍的现象,对材料性能具有很重要的影响。例如,在焊接过程中由于温度升高,金属的晶粒长大,特别是在焊缝和热影响区,这些部位的晶粒严重粗化使材料塑性、韧性急剧下降,抗拉强度下降,性能恶化。板材轧制过程中若工艺参数不当,也会由于板材晶粒粗化导致材料性能下降。

莫春立等人[4]采用 Monte Carlo 法对晶粒长大过程进行模拟,以揭示其动力学和拓扑学上的特征。首先将晶粒结构表示成二维的随机数,假设随机数在 0～35,这里的每个数对应着一个晶粒的方位(即晶向),以相同晶向并且相邻的区域表示一个晶粒,在不同晶向的部分即是晶粒边界,如图 2.2 所示。

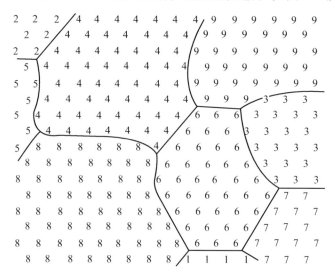

图 2.2　晶粒边界结构图

模拟过程如下:

(1) 对计算的区域格点进行剖分,以确定晶粒结构。

(2) 按顺序对每个格点标定序号(从 1 到晶粒总数目 N)。

(3) 对每个格点随机地给定一个晶向数目。

(4) 计算格点间的相互作用,每个格点位向的变化导致整体晶粒的长大。

具体变化过程如下：

① 随机选取一个初始格点。

② 若此点属于晶界，那么它可以随机转变为其相邻的位向。

③ 计算转变前后的能量变化 ΔE（晶向变化产生的能量变化 ΔE）。

④ 若 ΔE 小于等于 0，则新晶向被接受；如果 ΔE 大于 0，则新晶向按一定概率 W 被接受，即

$$\begin{cases} W = \exp(-\Delta E/(k_B T)) & (\Delta E > 0) \\ W = 1 & (\Delta E \leqslant 0) \end{cases} \quad (2.97)$$

式中，T 为温度；k_B 为 Boltzmann 常数。

如果系统大小为 N，那么 N 个再定向的尝试为 1 个 Monte Carlo 步长。对于一个小段晶界，其移动速度 v 是由局部自由能 ΔG 或化学势 $\Delta\mu$ 来驱动的，即

$$v = c\left[1 - \exp\left(-\frac{\Delta G}{k_B T}\right)\right] \quad (2.98)$$

在纯金属中，ΔG 和 $\Delta\mu$ 相同，有

$$\Delta G = 2\gamma V_m/r \quad (2.99)$$

式中，c 为常数；γ 为晶粒界面能；V_m 为材料摩尔体积；r 为曲率半径。式(2.98)与经典晶粒长大速率是一致的。

晶粒长大的驱动力来自于晶向变化所引起的界面能量变化。对一个晶格点来说，其界面能与和其相邻的格点的相互作用有关。界面能是晶粒晶向差的函数，即

$$E = -\sum_{(i,j)} M S_i S_j \quad (2.100)$$

式中，S_i、S_j 为晶粒晶向数，在 $1 \sim Q$ 之间选取。矩阵元素 M_{ij} 为

$$M_{ij} = J(1 - \delta_{ij}) \quad (2.101)$$

式中，J 为常数并与晶界能成比例关系；δ_{ij} 为 delta 函数。

在模拟过程中，将界面能分成两组，高能晶界对应大角度晶界，低能晶界对应小角度晶界和孪晶。引入参数 r 表示材料的各向异性，r 等于两组晶界各自所占之比例（$0 < r < 1$），在各向同性时，$r = 1$。

可以采用二维四边形或六角形点阵进行模拟，如图 2.3 所示。六角形点阵进行模拟时要考虑周围的 6 个最紧邻格点（图 2.3(b) 中格点 1），用四边形点阵模拟时要考虑格点周围的 4 个最紧邻格点（图 2.3(a) 中格点 1）及 4 个次紧邻格点（图 2.3(a) 中格点 2），还要考虑边界条件对模拟结果的影响，通常为减少边界效应而采用周期性边界条件。晶向数目 Q 的选取一般可为 16、36 或更多，Q 过小会导致晶粒长大得不规则。

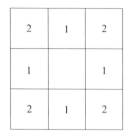

(a) 四边形点阵

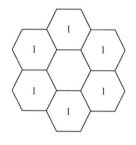

(b) 六角形点阵

图 2.3　模拟过程中的格点布局

本例采用六角形格点,范围为 300×300 个格点元素,使用周期性边界条件。微观结构在长大过程中拓扑学方面发生变化,如图 2.4 所示。平均晶粒尺寸 d 与 Monte Carlo 步长之间的关系如图 2.5 所示。

经多次模拟利用回归方法得到模拟平均晶粒尺寸 d(单位为 mm)与 Monte Carlo 步长 t_{MCS} 之间的关系为

$$d = 7 \times 10^{-4} (t_{\mathrm{MCS}})^{0.48} \tag{2.102}$$

式(2.102)是模拟的晶粒长大动力学公式,其长大指数为 0.48。

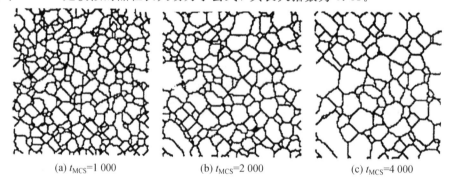

(a) $t_{\mathrm{MCS}} = 1\ 000$　　　　(b) $t_{\mathrm{MCS}} = 2\ 000$　　　　(c) $t_{\mathrm{MCS}} = 4\ 000$

图 2.4　微观结构与 Monte Carlo 步长之间的关系

张继祥等人[5] 采用一种改进的 Monte Carlo 法模拟晶粒长大,模拟过程为:

(1)将多晶集合体离散成 $NN \times NN$ 的四边形网格体系。

(2)确定总取向数 Q。

(3)给网格体系中每一节点随机赋予对应的取向值 $S(1 \leqslant S \leqslant Q)$。

(4)指定模拟的 Monte Carlo 步长(Monte Carlo Step,MCS)。

(5)任一节点 i 的能量可以描述为

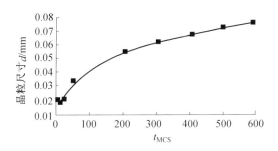

图 2.5　平均晶粒尺寸与 Monte Carlo 步长之间的关系

$$E_i = J \sum_j^N (1 - \delta_{S_i S_j}) \tag{2.103}$$

式中，J 为界面能的一个量度，这里取 $J = 1$；$\delta_{S_i S_j}$ 为 Kronecker 函数；N 为节点 i 的邻近节点数。

整个体系的能量 E 可以写成

$$E = J \sum_i^{NN \times NN} \sum_j^n (1 - \delta_{S_i S_j}) \tag{2.104}$$

（6）采用周期性边界条件，认为处于边界的节点是相对边界对应节点的邻近节点，以此计算边界节点的能量和体系能量。

（7）在体系中，随机选取一个节点 i，其取向值为 S_i；顺序选择其邻近节点 $k_1, k_2, \cdots, k_N$，其取向值分别为 $S_{k_1}, S_{k_2}, \cdots, S_{k_N}$，分别尝试将节点 i 的取向由 S_i 转向 $S_{k_1}, S_{k_2}, \cdots, S_{k_N}$，按式（2.104）得到转换前后的能量变化 $\Delta E = E_{\text{fin}} - E_{\text{int}}$，判断出能量最大降幅 $-\Delta E_{\min}$。

（8）鉴于在 $S_{k_1}, S_{k_2}, \cdots, S_{k_N}$ 内使能量降幅最大的取向可能不止一个，因此先找出取向转换后所有能量降幅为 $-\Delta E_{\min}$ 的取向，再在其中随机选择一个 S_{k_l}（其中 $1 \leqslant l \leqslant N$）。

（9）由下式确定节点 i 的取向 S_i 转向 S_{k_l} 的概率 p_1，以判定转换是否成功：

$$p_1 = \begin{cases} \exp(-\Delta E_{\min}/k_B T) & (\Delta E_{\min} \geqslant 0) \\ 1 & (\Delta E_{\min} < 0) \end{cases} \tag{2.105}$$

式中，k_B 为 Boltzmann 常数；T 为热力学温度。

若 $\Delta E_{\min} < 0$，转换成功；若 $\Delta E_{\min} \geqslant 0$，转换能否成功取决于以下步骤中概率的比较。

（10）在 $[0, 1]$ 之间产生一个均匀分布的随机数 R'。比较 p_1 和 R'，若 $p_1 \geqslant R'$，则认为节点 i 的取向转换可以接受，即取向由 S_i 转向 S_{k_l} 成功，此时节点 i 处发生晶界迁移；若 $p_1 < R'$，则节点 i 的取向保持 S_i 不变。

（11）步骤（5）～（10）为一个节点取向改变的尝试，对体系中每个节点平均尝试一次,即该过程循环进行 $NN \times NN$ 次,完成一个 Monte Carlo 步长的模拟。

(12) 循环进行步骤(5) ～ (11),直到得到指定的模拟 Monte Carlo 步长后,模拟结束。

图 2.6 为晶粒长大组织演变的模拟结果。可见,随着模拟时间的增加,平均晶粒度明显增大。晶粒长大是大晶粒吞噬小晶粒的结果;晶粒多为形状规则的等轴晶,晶界基本是直线,晶界交点处大都是三晶界相交,交角基本上为 $120°$。

刘祖耀等人[6]采用改进的跃迁概率和 Monte Carlo 加速算法,模拟了第二相粒子不同形状及其取向对基体晶粒长大的影响。模拟算法如下:

(1) 采用 600×600 Potts (波茨) 格点。每一个格点都给定一个取向 Q(Q 的取值范围为 $1 \sim 64$),与邻近取向不同的格点被认为是晶界,取向相同则认为是晶粒内部。

(2) 第二相粒子随机分布其中,并给定一个固定的取向 $Q = -8$。粒子的形状可以是针状或球状。

(3) 依次取每个格点做再取向尝试,方向为邻近格点的方向。但如果该格点的取向是 -8,即该格点属于第二相粒子,则不做再取向尝试,以保证第二相不变。一个 Monte Carlo 步长定义为 $(N - N_{sp})$ 次尝试,N 为总的格点数,N_{sp} 为第二相格点数。

(4) 格点取向改变前后能量变化的算法为

$$E = -J \sum_{NN} (\delta_{S_i S_j} - 1) \tag{2.106}$$

式中,$\delta_{S_i S_j}$ 为 Kronecker 函数;S_i 为中心格点的取向;S_j 为中心格点邻近格点的取向;J 为常数,其取值与界面能有关,其值为

$$J = \begin{cases} J_M \\ J_{M-SP} \end{cases} \tag{2.107}$$

式中,J_M 为基体相间的界面能;J_{M-SP} 为基体相与第二相粒子间的界面能。

(5) 采用改进的式(2.108)作为取向改变成功概率 ω 的计算公式,将 ω 值(见式(2.108))与系统产生的随机数 R 相比,如果 $\omega > R$,则认为取向改变成功,否则取向不改变。

$$\omega = \frac{\exp(\frac{-\Delta E}{k_B T_R})}{1 + \exp(\frac{-\Delta E}{k_B T_R}) \times [1 + \exp(\frac{-\alpha \times (T - T_R)}{T_R})]} \tag{2.108}$$

(6) 引入周期性边界条件,消除边界效应,以便构成完整的连续体。

模拟不同形状的第二相粒子对基体晶粒长大组织形态的影响,如图 2.7 所

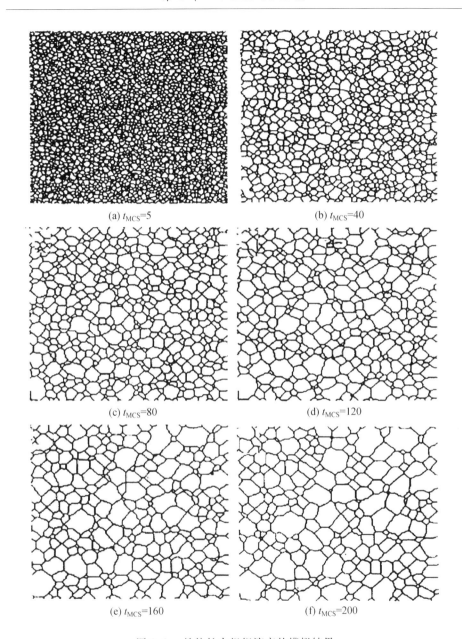

(a) $t_{MCS}=5$

(b) $t_{MCS}=40$

(c) $t_{MCS}=80$

(d) $t_{MCS}=120$

(e) $t_{MCS}=160$

(f) $t_{MCS}=200$

图 2.6　晶粒长大组织演变的模拟结果

示。从图 2.7 中可以看出：

① 随着第二相粒子总面积分数的增加，基体极限晶粒尺寸减小，晶粒尺寸的分布也更加均匀。

② 在相同的粒子数量和尺寸下，针状第二相对晶界的钉轧比较稳定，脱钉

的趋势较弱,细化晶粒的效果较球状粒子好。同时,随着第二相面积分数的增大,不同形态的第二相对基体极限晶粒形态的影响也增大,针状第二相使得基体晶粒呈现出较强的方向性,晶粒形态也规则得多。

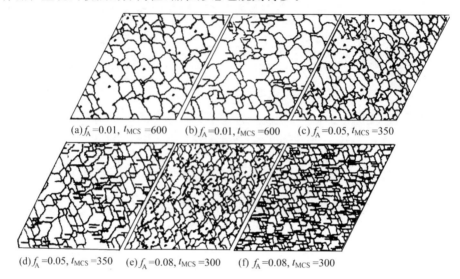

(a)f_A =0.01, t_{MCS} =600 (b)f_A =0.01, t_{MCS} =600 (c)f_A =0.05, t_{MCS} =350

(d)f_A =0.05, t_{MCS} =350 (e)f_A =0.08, t_{MCS} =300 (f)f_A =0.08, t_{MCS} =300

图 2.7 被不同数量粒子稳定钉轧的晶粒组织形态模拟图

(f_A 表示第二相粒子的面积分数;

图(a)、(c)、(e)为球状晶粒;图(b)、(d)、(f)为针状晶粒)

图 2.8 是第二相粒子的面积分数不同时晶粒尺寸分布的模拟结果,可以看出:当粒子面积分数增大时,对于两种形状的粒子而言,晶粒尺寸在逐渐减小,峰值增高,这说明弥散细小的粒子强烈阻碍晶界的移动,使得大晶粒长大,小晶粒被吞并的趋势减弱,从而使晶粒大小相差不多,尺寸分布更均匀。对比两种形状粒子的晶粒尺寸分布,可以看出:针状粒子基体晶粒尺寸分布集中,峰值高、峰值宽度窄,说明晶粒尺寸细小均匀,而球状粒子细化的效果相对较差。

佟铭明[7] 以纯铜为对象用 Monte Carlo 法进行体系静态再结晶的二维模拟。通过监测体系存储能量随 Monte Carlo 步长的变化过程来分析静态再结晶的行为特点,建立区分均匀形核和非均匀形核的临界应变。模拟过程中采用的条件如下:

(1) 能量模型。

在再结晶模拟中,每个单元的能量为

$$E_i = \frac{1}{2} \sum_{j=1}^{6} E_{ij} + H_i$$

其中,E_{ij} 为取向分别为 i、j 的两个单元之间的界面能;求和是对 6 个最近邻单元求和;H_i 为由于塑性变形而存储在 i 单元中的能量。

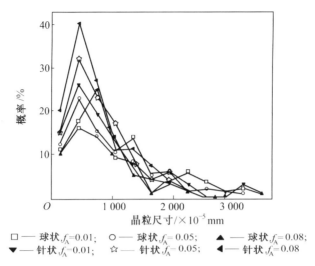

图 2.8　第二相粒子面积分数不同时晶粒尺寸分布的模拟结果

$E_{ij}(\theta)$ 的表达式为

$$E_{ij}(\theta) = \begin{cases} J\dfrac{\theta^*}{\theta^{\cdot}}\left[1 - \ln(\dfrac{\theta^*}{\theta^{\cdot}})\right] \cdot a & (\theta^* < \theta^{\cdot}) \\ J \cdot a & (\theta^* \geqslant \theta^{\cdot}) \end{cases}$$

$$\theta^* = |\theta_{ij}| \qquad (0 \leqslant |\theta_{ij}| \leqslant \pi)$$

$$\theta^* = 2\pi - |\theta_{ij}| \qquad (\pi \leqslant |\theta_{ij}| \leqslant 2\pi)$$

式中，θ_{ij} 为两个晶粒之间的取向差；J 为单位长度晶界的晶界能；a 为正六边形单元的边长；θ^* 为大角晶界的临界值，在这里为 15°。

在静态再结晶中，存储能量与再结晶是分开进行的。所以，在模拟开始时给所有单元以一个相同的初始能量 H，而后在整个系统演化过程中对能量不做人为修改，而是让其随再结晶的进行自动变化。

（2）形核模型。

在静态再结晶模拟中采用 Site Saturated 形核模型，即在模拟开始时给定系统一定数量的再结晶晶核，而在整个再结晶过程中不再有新核形成。每个晶胚由 3 个正六边形单元组成，这些晶胚所具有的存储能为 0，取向和位置也是随机选取的。这些晶胚中处于能量有利位置的会被保留下来并有可能长大，处于不利位置的就会消失。

（3）边界条件。

在模拟过程中选取周期性边界条件，即阵列最上面一行单元与最下面一行单元相邻，最左面一列单元与最右面一列单元相邻。这样，所模拟的正方形阵列相当于从无限大区域中选出的一块，以此使模拟的系统接近真实材料的情况。

（4）能量判据。

在金属变形过程中，外力功的一部分存储在变形金属中，这些能量主要是以位错的形式存在。本例通过监测存储能量随 MCS 变化的历程，并结合对照模拟体系的晶粒分布，判断再结晶行为随应变的变化过程，从而得出再结晶行为的特点，确定临界应变。

在模拟中采用 100×100 个正六边形单元组成的正方形阵列，不同的灰度代表不同的晶体取向。向系统中一次性加入 100 个晶胚。温度为 400 ℃，应变率为 $0.05\ \mathrm{s}^{-1}$。纯铜（铜的质量分数为 99.995%）单位长度的晶界能（二维）为 $\gamma \approx 6.3 \times 10^{-6}\ \mathrm{J/m}$，初始状态晶粒大小约为 10 μm。

图 2.9 为模拟体系的微观组织。图 2.10 为存储能量随 Monte Carlo 步长演化的曲线。

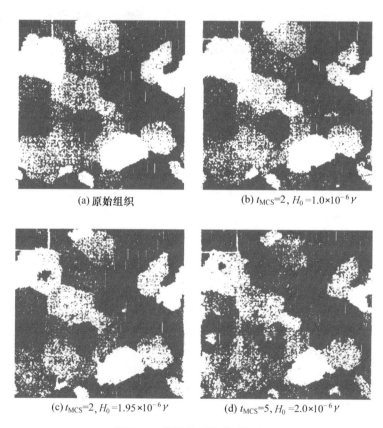

(a) 原始组织   (b) $t_{\mathrm{MCS}}=2$, $H_0 = 1.0 \times 10^{-6} \gamma$

(c) $t_{\mathrm{MCS}}=2$, $H_0 = 1.95 \times 10^{-6} \gamma$ (d) $t_{\mathrm{MCS}}=5$, $H_0 = 2.0 \times 10^{-6} \gamma$

图 2.9　模拟体系的微观组织

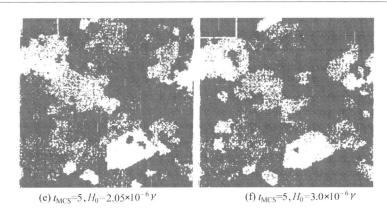

(e) $t_{MCS}=5, H_0=2.05\times10^{-6}\gamma$　　　(f) $t_{MCS}=5, H_0=3.0\times10^{-6}\gamma$

续图 2.9

模拟结果表明:在体系具有较低初始存储能(即 $H_{H0}\leqslant2.0\times10^{-6}\gamma$)时,再结晶形核以非均匀方式进行,形核只发生在晶界及三叉晶界处。在体系具有较高初始存储能(即 $H_{H0}>2.0\times10^{-6}\gamma$)时,再结晶形核以均匀方式进行,即形核不仅发生在晶界及三叉晶界处,也发生在晶体内。在温度为 400 ℃、应变率为 $0.05\ s^{-1}$ 的条件下,初始存储能 $H_0=2.0\times10^{-6}\gamma$(对应应变为 0.115)是决定静态再结晶均匀形核与非均匀形核的临界值,也是静态再结晶均匀形核方式与非均匀形核方式之间的过渡状态。

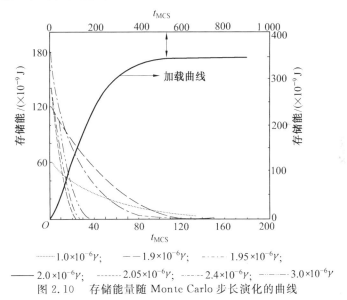

—— $1.0\times10^{-6}\gamma$;　　—— $1.9\times10^{-6}\gamma$;　　—— $1.95\times10^{-6}\gamma$;
—— $2.0\times10^{-6}\gamma$;　—— $2.05\times10^{-6}\gamma$;　—— $2.4\times10^{-6}\gamma$;　—— $3.0\times10^{-6}\gamma$

图 2.10　存储能量随 Monte Carlo 步长演化的曲线

姜寿文等人[8]利用 Monte Carlo 法及模型进行了冷轧薄钢板静态再结晶退火组织的模拟,实现了退火组织的连续动态变化过程,还模拟了冷轧钢板退火过程中晶粒尺寸、再结晶分数的变化规律及冷轧压下率对再结晶的影响。

模拟时首先建立一个三角形网格体系,并在网格的每个节点赋予一个正整数 $S_i(1 \leqslant S_i \leqslant Q)$ 代表该节点处晶粒的取向。如果一个节点的取向与相邻节点的取向一致,则该节点被视为在晶体内。取向数 Q 应选得足够大以减少相同取向晶粒相遇的频率。晶粒长大的驱动力来自界面能。如果只考虑界面能并假定界面能是各向同性的,整个体系的能量 E 见式(2.103)。

一般来说,优先形核的位置是体积相对较小、晶格高度扭曲的区域。在这些区域,晶核只需生长较短的长度就可以与基体形成大角度晶界。再结晶的形核方式主要有两大类:一类是原晶界的某些部位突然迅速长大而成为核心;另一类是某些亚晶快速长大而成为核心。可将形核的模拟抽象为再结晶的晶胚在形变基体中的长大。当晶胚的尺寸超过晶核的临界尺寸时,就会形成一个晶核。即

$$\gamma_{\text{crit}} = \frac{2\gamma}{\Delta G} \tag{2.109}$$

式中,γ 为晶界能;ΔG 为形变存储能。

在模拟开始时给系统一定数量的再结晶晶核,假定在整个过程中不再有新的晶核形成。这些晶核的存储能为 0,取向随机选取,位置也是随机的。这些晶核处于能量有利的位置时会被保留下来并长大;处于不利的位置时,随着再结晶过程的进行会逐渐消失。形核模拟采用比再结晶模拟小 10^2 级的网格数进行,形变存储能和晶界能被视为各向同性和均匀分布,网格尺寸选择 10 nm级。

冷轧压下率较高和较低的退火组织模拟结果分别如图 2.11 和图 2.12 所示。

对比图 2.11 和图 2.12 可以看出,在再结晶过程中,较高的冷轧压下率对应的再结晶晶粒形核较早且数量多,因此冷轧压下率较高的条件下完成再结晶时对应的平均晶粒尺寸较小且完成再结晶的时间提前,这与实际情况相符。

冷轧薄钢板退火过程的组织模拟如图 2.13 所示,图 2.13(a) ~ (c)是晶粒长大形成再结晶原始组织的过程,图 2.13(d) ~ (f)是再结晶过程。在晶粒长大的过程中,初始阶段晶粒长大的速度较快;随着时间的推移,晶粒长大速度减缓,直至达到相对稳定的状态。单位面积内的晶粒数量不断减少,晶粒直径不断增大。在再结晶过程中,在原始组织的基础上开始形核,晶核数量不断增加,而且不断长大,直到完全覆盖原始组织,完成再结晶过程。

冷轧钢板退火时晶粒长大过程中晶粒尺寸的变化及再结晶过程中再结晶分数的变化如图 2.14 和图 2.15 所示。

从图 2.14 可以看出,晶粒尺寸随退火时间逐渐增大。在初始阶段,晶粒增

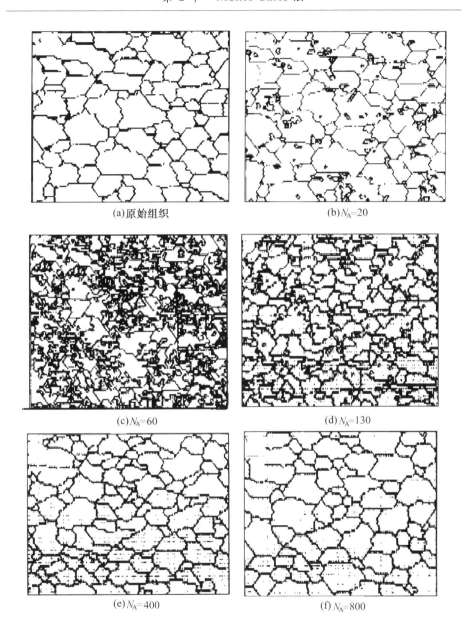

(a)原始组织　　　　　　　　　　　　(b)N_A=20

(c)N_A=60　　　　　　　　　　　　(d)N_A=130

(e)N_A=400　　　　　　　　　　　　(f)N_A=800

图 2.11　冷轧压下率较高的退火组织模拟

（N_A 为退火组织生成步数）

大的速度较快。由于存在第二相粒子，经过一段时间后，晶粒便不再长大或长大得非常缓慢。由图 2.15 可见，再结晶开始阶段，再结晶分数急剧增大；随着再结晶的进行，增大的趋势减缓，直至再结晶完成时再结晶分数达到 100%，再

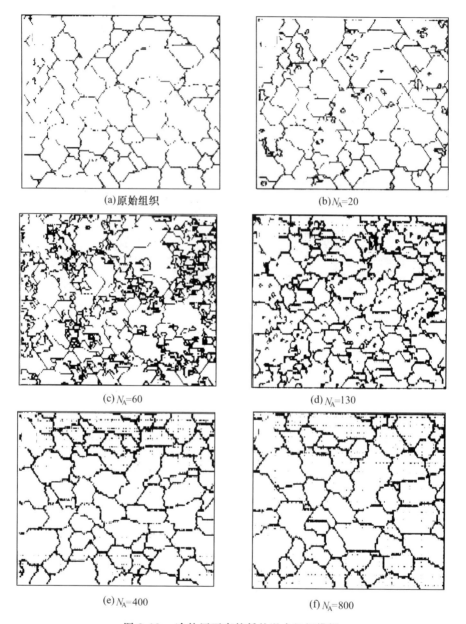

(a)原始组织　　　　　　　　　　　(b)N_A=20

(c)N_A=60　　　　　　　　　　　(d)N_A=130

(e)N_A=400　　　　　　　　　　　(f)N_A=800

图 2.12　冷轧压下率较低的退火组织模拟

结晶组织完全覆盖原始组织。

　　陈建奇等人[9]利用 Media Coder 软件模拟了二元非晶合金的初晶型晶化。所模拟的是一个 $L \times L$ 的二维正方形点阵,每一个格点所占据的原子种类分别为 A 和 B 两类,原子的所属状态分别为非晶态及初晶晶化态。二元 A－B

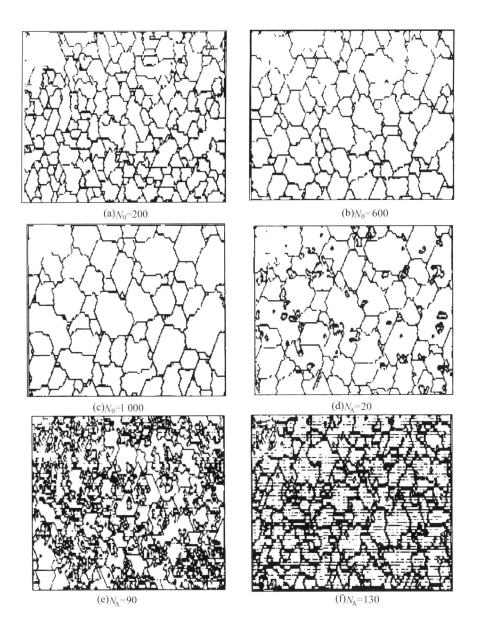

(a)N_0=200　　　　　　　　　(b)N_0=600

(c)N_0=1 000　　　　　　　　(d)N_A=20

(e)N_A=90　　　　　　　　　(f)N_A=130

图 2.13　冷轧薄钢板退火过程的组织模拟

(N_0 为初始组织生成步数；N_A 为退火组织生成步数)

非晶态合金沿 x 轴、y 轴分布在等距的二维点阵上,格点的位置由(x,y)表示。每一个格点是 A 原子或 B 原子根据占有概率 p 来确定,p 和 A 原子的浓度 C 有关。对模拟点阵采用周期性边界条件,处理方法如下:原子从方格的一边溢出

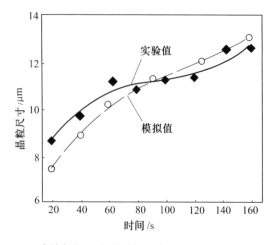

图 2.14　冷轧钢板退火时晶粒长大过程中晶粒尺寸的变化

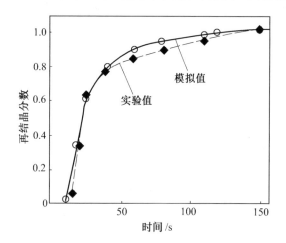

图 2.15　冷轧钢板退火时再结晶过程中再结晶分数的变化

时,则从相对的另一边引入。对于初晶型晶化,在模拟中引入以下参数:

① 相变概率为 W_c,其计算公式为

$$W_c = \frac{\exp(-Q_c/k_B T)}{1 + \exp(-Q_c/k_B T)} \qquad (2.110)$$

其中,Q_c 为相变激活能,其计算公式为

$$Q_c = N_c \times \phi_{AC} + C \times (4 - N_c) \times \phi_{AA} + (1 - C) \times (4 - N_c) \times \phi_{AB}$$

$$(2.111)$$

式中,N_c 为参照选定原子最近邻和次近邻的原子统计晶化相的数目;ϕ_{AC} 为非晶态原子 A 与晶化相间的作用能;ϕ_{AA} 为非晶态原子 A 之间的作用能(同相原子);ϕ_{AB} 为非晶态原子 A 与非晶态原子 B 间的作用能(异相原子)。

参数 ϕ_{AA}、ϕ_{AC} 的值为负,ϕ_{AB} 的值为正。三者的代数值越大,Q_c 的值越大,此时形核概率 W_c 越小,晶化难以形核,晶化相数目较少。

② 扩散概率为 W_d,其计算公式为

$$W_d = \frac{\exp(-Q_d/k_B T)}{1 + \exp(-Q_d/k_B T)} \tag{2.112}$$

式中,Q_d 为扩散激活能,与温度有关。Q_d 为负时,其绝对值越大,则对应的温度越高;W_d 越大,扩散越容易进行。

在模拟过程中,点阵大小为 $L \times L$,晶化率为 χ,模拟的时间由 Monte Carlo 来度量,模拟所用的参数分别为

$$L = 150,C = 0.85,\chi = 0 \sim 0.5$$
$$\phi_{AA} = (-0.5 \sim 0)k_B T$$
$$\phi_{AB} = (10.0 \sim 18.0)k_B T$$
$$\phi_{AC} = (-12.0 \sim 2.0)k_B T$$
$$Q_d = (-8.0 \sim 4.0)k_B T$$

图 2.16 为晶化相半径随时间平方根的变化关系。模拟过程中采用的参数为

$$\phi_{AA} = 0.0 k_B T, \ \phi_{AB} = 16.0 k_B T$$
$$\phi_{AC} = -12.0 k_B T, \ Q_d = -4.0 k_B T$$

由图 2.16 可以看出,当 $t^{\frac{1}{2}}$ 较小时,r 近似等于 0。随着 $t^{\frac{1}{2}}$ 的增大,r 呈线性增长。在 $t^{\frac{1}{2}}$ 较大时,出现间断点,r 跳跃长大。晶化过程分为 3 个阶段,即预形核阶段、形核和生长阶段和相合并阶段。

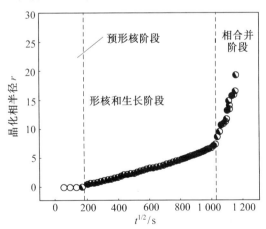

图 2.16　晶化相半径随时间平方根的变化关系

图 2.17 为二元非晶在不同 Q_d 参数下的初晶晶化形态,其中深色部分为晶

化相,空白处为非晶相。从图 2.17 可以看出,随着参数 Q_d 的代数值减小,晶化相分布更加均匀,即晶化偏聚度下降。

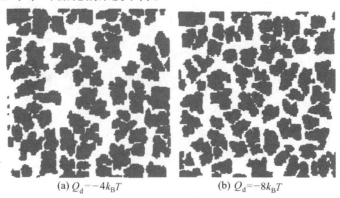

(a) $Q_d=-4k_BT$ (b) $Q_d=-8k_BT$

图 2.17 二元非晶态合金在不同 Q_d 参数下的初晶晶化形态

图 2.18 为二元非晶态合金在不同 ϕ_{AC} 参数下的初晶晶化形态,随着参数 ϕ_{AC} 的增加,晶化相的圆整度降低,形态趋于方形。但是晶化相分布均匀性变化不大,即参数 ϕ_{AC} 对晶化偏聚度的影响很小。

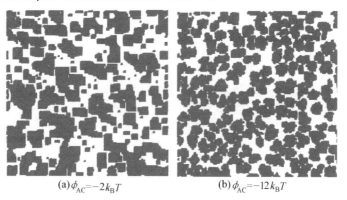

(a) $\phi_{AC}=-2k_BT$ (b) $\phi_{AC}=-12k_BT$

图 2.18 二元非晶态合金在不同 ϕ_{AC} 参数下的初晶晶化形态

2.5.3 Monte Carlo 法在薄膜生长中的应用

郑小平等人[10] 以 Cu 膜为例对薄膜生长过程进行了计算机模拟。重点计算模拟了最大成核温度、生长转变温度及相对密度的饱和温度三者的关系及其随入射率的变化规律,同时对各种温度区间内的表面粗糙度、相对密度随入射率的变化规律进行了探讨。

在模拟过程中,考虑沿面心立方结构的[100]晶向外延生长的情况。假设沉积原子被约束在离散的晶位上,在温度低于熔点温度的一半,在薄膜生长过

程中,假设主要发生以下 3 类"事件":

　　① 原子入射并被吸附在生长表面;

　　② 吸附原子在生长表面发生迁移;

　　③ 吸附原子发生脱附。

　　每个事件有相应的发生概率,所有事件组成一个事件列表,根据 Monte Carlo 法随机地从事件列表中抽取一个事件执行。执行结束后,薄膜生长表面原子的排布发生了变化,这时重新确定所有可能的事件,并计算各事件的概率,形成新的事件列表。某一事件被抽取到的概率等于它的发生概率与事件列表中所有事件概率之和的比值。

　　假设衬底面积为 50 晶位 $\times$ 50 晶位,入射率分别取 0.000 32 ML[①]/s、0.003 2 ML/s、0.032 ML/s、0.32 ML/s、3.2 ML/s、32 ML/s、320 ML/s,用 $h(r,t)$ 表示 t 时刻 r 附近薄膜的厚度,薄膜表面粗糙度为

$$W(L,t) = [\langle h^2(t) \rangle - \langle h(t) \rangle^2]^{1/2} \tag{2.113}$$

其中

$$\langle h^n(t) \rangle = L^{-2} \sum_t h^n(r,t) \tag{2.114}$$

式中,$L = 50$ 晶位。薄膜的相对密度为

$$m_d = 1 - \frac{N_1}{N_2} \tag{2.115}$$

式中,N_2 表示形成完整晶格所需要的原子数;N_1 为成膜过程中薄膜内部未被占据的晶位数,即空位数。所以 m_d 越大,膜的晶格结构就越完整。

　　如图 2.19 所示,衬底温度分别取 350 K、400 K、450 K、500 K、550 K 和 600 K,入射率分别取 0.000 32 ML/s、0.003 2 ML/s、0.032 ML/s、0.32 ML/s、3.2 ML/s 和 32 ML/s,随着衬底温度的升高或入射率的降低,沉积在衬底上的原子逐步由众多各自独立的离散型分布向聚集状态过渡形成一些岛核,衬底温度越高、入射率越小,形成的核数量越少、尺寸越大,并且逐步由二维岛核向三维岛核过渡。

　　如图 2.20 所示,在各种入射率下成核率随衬底温度的变化都有一个极大值,而且入射率越小出现极大值时对应的衬底温度越低。当衬底温度较低时,在各种入射率下的成核密度基本相同。

---

　　① ML 是 Monolayer 的缩写,是覆盖度的单位。ML 的含义为吸附上的原子占原基底上的原子比例。例如,基底是由 100 个原子组成的薄膜,它又吸附了 100 个其他原子在其表面形成一层新的薄膜,此时的覆盖度就是 1.0 ML;当吸附的原子数为 50 时,覆盖度为 0.5 ML,当只吸附 1 个原子时,覆盖度为 0.01 ML。Monolayer 还可以译为单层。

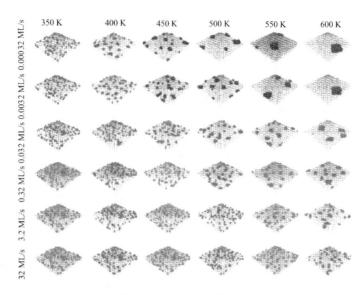

图 2.19 不同衬底温度和入射率时在 50 晶位×50 晶位原子衬底上沉积的成核图像

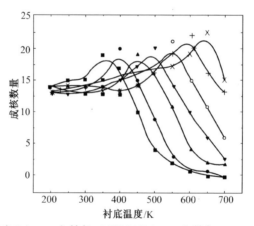

■— 入射率 = 0.000 32 ML/s; ●— 入射率 = 0.003 2 ML/s; ▲— 入射率 = 0.032 ML/s;
▼— 入射率 = 0.32 ML/s; ○— 入射率 = 3.2 ML/s; ＋— 入射率 = 32 ML/s; ✳— 入射率 = 320 ML/s

图 2.20 不同入射率时成核密度随衬底温度的变化

如图 2.21 所示,当薄膜平均厚度分别达到 8 ML 时,不同入射率下薄膜表面粗糙度随衬底温度的发生变化。从图中可以看出,在衬底温度较低时,生长表面较为粗糙;随着衬底温度升高,薄膜表面粗糙度下降,当达到某一生长转变温度 T_r 时,薄膜表面粗糙度达到最低值;随着衬底温度的进一步提高,薄膜表面粗糙度增大。

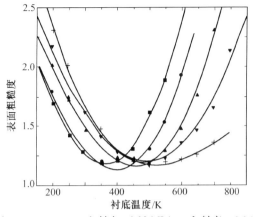

入射率 ＝0.032 ML/s;　入射率 ＝0.32 ML/s;　入射率 ＝ 3.2 ML/s;
入射率 ＝ 32 ML/s;　入射率 ＝ 320 ML/s

图 2.21　不同入射率下薄膜平均厚度为 8 ML 时,薄膜表面粗糙度随衬底温度的变化

不同入射率下薄膜平均厚度为 80 ML 时,薄膜相对密度随衬底温度的变化如图 2.22 所示。由图 2.22 可以看出,随着衬底温度的升高,薄膜相对密度 m_d 逐渐增大,当达到某一温度 T_d 时,m_d 趋向于 1,入射率越小,T_d 越低。

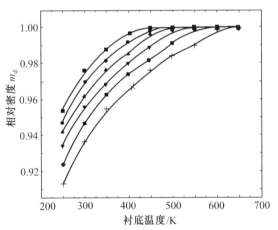

入射率 ＝ 0.003 2 ML/s;　入射率 ＝ 0.032 ML/s;　入射率 ＝ 0.32 ML/s;
入射率 ＝ 3.2 ML/s;　入射率 ＝ 32 ML/s;　入射率 ＝ 320 ML/s

图 2.22　不同入射率下薄膜平均厚度为 80 ML 时,薄膜相对密度随衬底温度的变化

冯倩等人[11] 利用 Monte Carlo 法,研究了磁性多层膜的尺寸和交换耦合作用对磁性多层膜磁化强度($M(T)$)及相变的影响,并以 Bloch(布洛克)指数模拟合成不同系统尺寸和交换耦合下,低温磁化强度随温度的变化规律。

模拟过程中考虑 $L \times L \times LN$ 的三维简单立方晶格结构,在各个格点上分布着不同自旋取向的原子,采用周期性边界条件,利用 Heisenberg(海森伯)模

型可将系统的 Hamilton(哈密顿) 量表示为

$$H = -J \sum_{ij} \boldsymbol{S}_i \cdot \boldsymbol{S}_j + D \sum_{ij} \left[\frac{\boldsymbol{S}_i \cdot \boldsymbol{S}_j}{r_{ij}^3} - 3 \frac{(\boldsymbol{S}_i \cdot \boldsymbol{r}_{ij})(\boldsymbol{S}_j \cdot \boldsymbol{r}_{ij})}{r_{ij}^5} \right] -$$

$$K \sum_i (\boldsymbol{S}_i \cdot \boldsymbol{u}_i)^2 - h \sum_i \boldsymbol{S}_i^z \tag{2.116}$$

式中,等号右面第 1 项表示磁交换相互作用,J 为交换作用常数,$\boldsymbol{S}_i$ 为第 i 个原子的自旋取向;第 2 项为偶极相互作用,D 是偶极相互作用常数,$\boldsymbol{r}_{ij}$ 是自旋 $\boldsymbol{S}_i$ 及 $\boldsymbol{S}_j$ 的相对距离;第 3 项为各向异性能,K 是表面各向异性常数,$\boldsymbol{u}_i$ 是格点 i 处易轴的单位矢量;第 4 项是 Zeeman(塞曼) 能量,h 为外磁场在 z 轴方向的分量。

采用标准的 Monte Carlo Metropolis 法对系统进行模拟。 通过 Markov(马尔可夫) 过程产生的自旋组态分布 $P(x_l)$ 趋于平衡分布,即

$$P_{eq}(x_l) = \frac{1}{z} \exp \left[\frac{-H(x_l)}{k_B T} \right]$$

则物理量的热平均为

$$\langle A(x_l) \rangle = \frac{1}{M} \sum_{l=1}^{M} A(x_l)$$

达到平衡分布的充分条件为

$$P_{eq}(x_{l1}) \omega(x_{l1} \to x_{l2}) = P_{eq}(x_{l2}) \omega(x_{l2} \to x_{l1})$$

式中,ω 为位形的跃迁概率。

对于有 N 个自旋的系统,在晶格中每个自旋都有一个取向,这 N 个自旋构成一个自旋组态(图 2.23)。根据式(2.116),可以算出某一特定的自旋组态的体系能量 E,随机更改所考虑的原子的自旋组态(阵点 i 的自旋随机转向另一个新方向),算出新组态的体系的能量 E,则 $\Delta E = E_i - E_j$。若 $\Delta E < 0$,说明新自旋组态能量更低,体系更稳定,这样新的组态保留下来,替换原来的自旋组态,$\omega = 1$;若 $\Delta E > 0$,位形的跃迁概率通常选择 $\omega(x_{l1} \to x_{l2}) = \exp(-\frac{\Delta E}{k_B T})$,利用随机数实现其跃迁。在经过大量的 Monte Carlo 步长模拟,使其达到平衡分布。在统计计算中,每隔 20 MCS[①] 计算一次模拟参数,这样可避免两个连续组态之间的相关性。

利用 Monte Carlo 步长模拟求出磁化强度、比热容、磁化率的统计平均值分别为

$$M(T) = \langle \left[\left(\sum_i S_i^x \right)^2 + \left(\sum_i S_i^y \right)^2 + \left(\sum_i S_i^z \right)^2 \right]^{\frac{1}{2}} \rangle / N \tag{2.117}$$

---

① Monte Carlo 步长。

$$c(T) = (\langle E^2 \rangle - \langle E \rangle^2)/NT^2 \tag{2.118}$$

$$\chi(T) = (\langle M^2 \rangle - \langle M \rangle^2)/NT \tag{2.119}$$

式中,E 是系统的总能量;M 是系统的总磁化强度;$\langle\rangle$ 是对利用 Markov 过程产生的遵循平衡分布的各组态的统计平均值。

图 2.23 为磁性多层膜在 $K=1$、$J=1$ 时不同温度下的表面自旋态。对于磁性多层膜,有 $L=20$,$LN=6$(薄膜层数),$|S_i|=1/2$。当温度较低时,由于较强的铁磁耦合作用,自旋取向趋于有序排列;当温度升高时,热运动较剧烈,原子的热运动将扰乱磁矩的自发磁化,自旋开始趋于无序化;当温度升至居里温度以上时,原子的热运动能量大于自发磁化的能量,使系统自旋完全无序。

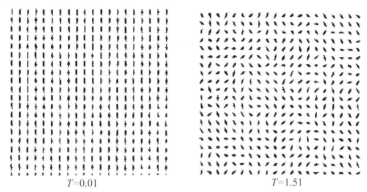

$T=0.01$　　　　　　　　　　$T=1.51$

图 2.23　磁性多层膜在 $K=1$、$J=1$ 时不同温度下的表面自旋态①

图 2.24 为 $LN=6$、$K=1$、$J=1$ 时该系统的磁化强度 M、比热容 c 和磁化率 χ 随温度的变化曲线。

图 2.25 为不同磁各向异性常数 K 下温度 T_c 随 LN 的变化曲线。从图中看到,$J=1$ 时随着薄膜层数 LN 的增加,相应的温度 T_c 也提高,但当层数增加到一定值时,即当 $LN \geqslant 5$ 时,T_c 不再增大。

陈光华等人[12]利用 Monte Carlo 法模拟了薄膜的二维和三维生长。考虑了粒子在衬底上的吸附及其在衬底上扩散、迁移并成核的过程。衬底为用周期性边界条件建立的一个 100×100 的二维方格点阵,粒子落在衬底上的位置为点阵常数的整数倍,粒子扩散的步长为点阵常数,粒子之间的相互作用采用 Morse(莫尔斯)势描述:

$$\phi(r_{ij}) = D\{\exp[-2a(\frac{r_{ij}}{r_0}-1)] - 2\exp[-a(\frac{r_{ij}}{r_0}-1)]\} \tag{2.120}$$

---

①　T 为温度与居里温度的比值。

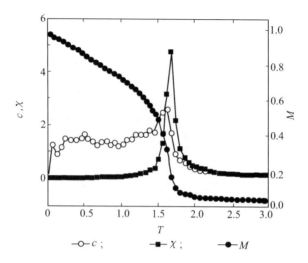

图 2.24 $LN = 6$、$K = 1$、$J = 1$ 时该系统的磁化强度 M、比热容 c 和磁化率 χ 随温度的变化曲线[①]

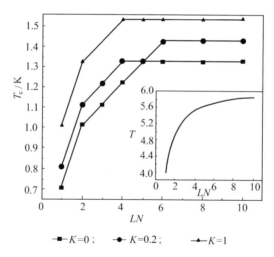

图 2.25 不同磁各向异性常数下 T_c 随 LN 的变化曲线

式中，r_{ij} 是编号为 i、j 的两粒子之间的距离；r_0 为势能最低点的位置（即平衡位置）；D 和 a 分别为相互作用的强度和范围，其中 D 可用下列参数表示：E_{ff}、E_{fs}、E_{ss}，其中 E_{ff} 表示成膜粒子间的结合能，E_{fs} 表示成膜粒子与衬底粒子间的结合能，E_{ss} 表示衬底粒子间的结合能。

当 a 取不同值时，粒子间的相互作用范围不同。因此计算某格点上粒子的

---

① T 为温度与居里温度的比值。

势能时,并不只考虑 4 个最近邻格点上的粒子对其的影响,在 R 范围内的粒子都应予以考虑。

在本模型中,每次有一个粒子随机落到衬底上,由式(2.120)计算出该点处粒子的势能,在该粒子的 4 个最近邻点中,选择可以使系统能量处于更低的点扩散,若无这样的点,则根据 Boltzmann(玻耳兹曼)因子 ρ_B 判断是否扩散:

$$\rho_B = \exp\left(\frac{-\Delta H}{k_B T}\right)$$

式中,ΔH 为系统能量的改变量。

因此当新位置的能量高于原来位置的能量时,新位置就有一定的概率被接受。这样处理可以保证当系统处于一个局部范围内的能量低点时,系统有可能离开该极小值点,到达整个系统能量的最小值处;否则系统将陷于该极小值点处,无法使系统的自由能达到最小。

如图 2.26(a)～(d)所示,当 $a=2$、沉积粒子数 N 不同时,各粒子团的生长情况也不同。在生长初期($N=200 \sim 400$),全部是小尺寸的粒子团,其中两个粒子组成的团所占比例最大,其余各尺寸团的百分数依次下降(图 2.26(a))。在 $N=500 \sim 2\,000$ 时,形成了一些尺寸较大的团,两粒子组成的团所占比例减小,较大尺寸团占比增加,其分布近似高斯分布(图 2.26(b))。随着 N 的继续增加,在 $N=2\,000 \sim 5\,000$ 时,分布出现奇特的现象,形成了多重线性分布,即

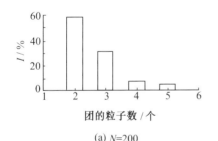

(a) N=200

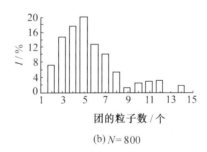

(b) N=800

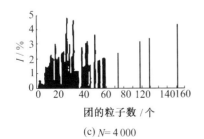

(c) N=4 000

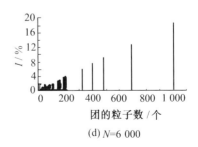

(d) N=6 000

图 2.26　各粒子团的生长情况

某些组成团的粒子数所占比例与团尺寸呈线性关系,但并不是单一的一条直线,而是多条直线(图2.26(c))。当 N 达到 6 000 以后,小尺寸团所占比例继续减小,其种类也减小,出现几个异常大的团,这是由于较大尺寸团的合并形成的,团中依然存在着线性关系,只不过由多重线性分布逐渐过渡为单一线性分布(图 2.26(d))。

图 2.27(a)～(f) 所示为不同粒子数在 $a=6$ 时,$T=300$ K,$E_{ff}=0.2$ eV,$E_{fs}=0.4$ eV 时三维生长薄膜的形貌,其中黑色的点表示第 1 层上沉积的粒子,深灰色的点表示第 2 层上沉积的粒子,浅灰色的点表示第 3 层上沉积的粒子。可以看出,各层粒子都趋向于成团生长,这与二维模拟结果一致。在 $N=1$ 000 时,第 2 层上就已经有粒子沉积;在 $N=7$ 000 时,第 3 层上也已经有粒子沉积。

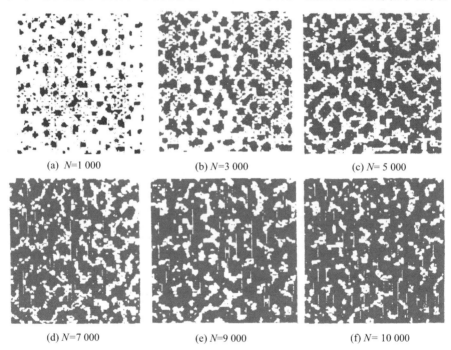

(a) $N=1$ 000　　(b) $N=3$ 000　　(c) $N=5$ 000

(d) $N=7$ 000　　(e) $N=9$ 000　　(f) $N=10$ 000

图 2.27 $a=6$ 时,$T=300$ K,$E_{ff}=0.2$ eV,$E_{fs}=0.4$ eV 时三维生长的薄膜形貌

叶健松[13] 用 Monte Carlo 法研究了超薄膜二维平面的外延生长的过程,模型中引入了 Morse 势来描述粒子间的相互作用,考虑到粒子的沉积、吸附粒子的扩散和蒸发,着重研究了粒子间相互作用范围和允许粒子行走的最大步数对薄膜生长形貌的影响。

模拟时利用周期性边界条件在衬底上建立一个 100×100 的二维方格点阵,沉积粒子数最多可为 10 000 个。薄膜生长过程中,考虑以下几个过程:

(1)气相粒子沉积到衬底表面并被吸附变成吸附粒子。由于衬底点阵粒子势能的极小值应当位于阵点的正上方,因此落下的粒子只能位于阵点所在的坐标交点处,这样粒子只能按衬底的晶格结构外延生长为二维结构的超薄膜。

(2)吸附粒子在衬底表面上扩散,在扩散过程中与其他吸附粒子结合或凝聚。若该粒子周围某个格点被占据,粒子就不能扩散到这一格点上;若该粒子扩散到已形成的岛上,其只能沿岛的边缘迁移。

(3)吸附粒子的蒸发。吸附粒子在衬底表面的扩散过程中,当衬底表面粒子的振动或其他原因获得足够大的能量时,可能蒸发回到气相中。

在模型中,每次循环有一个粒子随机落到衬底上,若粒子落到第 2 层,则根据下落的位置,按一定的概率扩散到衬底上。在扩散过程中,粒子之间的相互作用采用 Morse 势描述。由于实际的薄膜生长过程中,衬底表面并非是理想的,上面有很多缺陷,在这些缺陷处吸附粒子比较容易凝聚,因此这些缺陷点可以看成是生长点。本例中吸附粒晶点达到 80 个以后,对随后生长的薄膜的形貌影响不大。

粒子沉积时若初始动能不同,则粒子行走的距离也不同。当粒子行走步长以衬底的点阵常数为单位时,粒子可行走的最大步数就代表了粒子初始动能的大小。粒子在衬底上行走的距离不仅与行走时的初始动能的大小有关,而且也与衬底温度有关,粒子在具有相同的初始动能时,其行走步数的大小也在一定程度上反映了温度的变化。当粒子行走步数为 2 步和 5 步时,薄膜的形貌均趋于分形状态,如图 2.28(a)和图 2.28(b)所示;当粒子的行走步数增大到 30 步时,薄膜的形貌如图2.28(c)所示,可以看出,分形的枝权明显减少,较多的粒子趋于团聚状,薄膜形貌表现为分形和团聚的混合态;而当粒子行走步数增大到 60 步时,薄膜中的粒子基本处于团聚状态,如图 2.28(d)所示。

聂志鸿等人[14]利用 Monte Carlo 法模拟了淬火和退火处理的对称三嵌段共聚物薄膜的形貌和结构。在模拟中采用三维单格子键涨落模型与空格扩散结合的方法,每个重复单元只能占据一个格点。对称的 $A_8B_{16}A_8$ 三嵌段共聚物链节数 $N=32$,置于 $L_x \times L_y \times D(D=10$,薄膜的厚度 $L_x=L_y=48)$ 的立方格子中,x 方向和 y 方向为周期性边界,不可穿越壁置于 $z=0$ 和 $Z=D+1$ 处,格子中聚合物的体积分数 $\phi_p=0.8$。

在模拟过程中,只考虑 A 和 B 单元之间的近程排斥相互作用 ε_{AB},$\varepsilon_{AB}=\varepsilon>0$,约化能 $\varepsilon_{jk}^n=\varepsilon/k_BT$。这样约化温度可以表示为 $T^*=k_BT/k$。采用标准的 Metropolis 方法进行抽样,每一个 MCS 包含 $0.8L_x \times L_y \times D$ 个链节运动的尝试。每个链节移动一步,除了排斥体积和键长限制外,只有在满足 Metropolis 抽样率 $W_{if}=\min[1,\exp(-E_M^*)]$ 后才被接受,其中,$E_M^*=\sum_{i=1}^{z}\varepsilon_M^*(i)$,$z$ 为最近邻数。首先,让分子链在无热状态下松弛至平衡。淬火时,直接将约化温度降

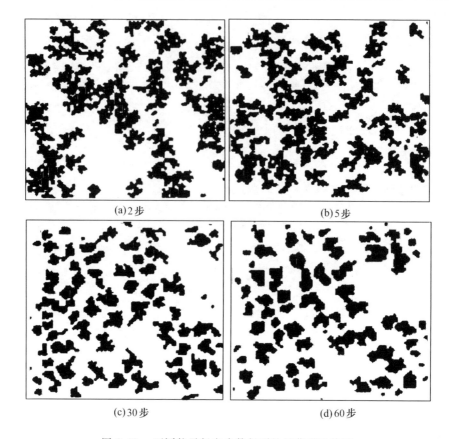

(a) 2步　　　　　　　　　　　　　(b) 5步

(c) 30步　　　　　　　　　　　　　(d) 60步

图 2.28　不同粒子行走步数得到的超薄膜形貌图

低到有序-无序转变温度以下的某个温度,使体系达到平衡。退火则是逐步以一定的间隔增加体系的相互作用约化能,直到预定的温度,每次降低后均使体系分子链松弛至平衡。 对于在每个温度条件下,均使分子链运动 1×10^5 MCS。

在淬火条件下,对于不同的初始状态,即使在相同的温度下,得到的形貌也可能存在差异。这些形貌即使松弛更长的时间,也不能得到很规整的层状条纹结构,而是存在各种缺陷。高分子熔体突然降温淬火,分子链的松弛能力大大降低,分子链被禁锢在一定的区域运动,共聚物的最终形貌将受初始状态的影响,如图 2.29(a) 和(b) 所示。最终温度相同时,退火可得到规则的层状条纹结构(图2.29(c))。淬火会产生不可预知的缺陷,而退火可消除自组装过程中产生的缺陷,形成更有序的结构。

如图 2.30 所示,退火约化温度 $T^*/N = 0.52$ 时,接近自由表面的第1层和远离表面的第5层的散射图不同。在 $A_8 B_{16} A_8$ 三嵌段共聚物退火过程中,对平行样本各层的散射图进行考察发现,有序的微结构总是首先出现在薄膜的中部层里。从图 2.30 可以看出,远离表面的第 5 层先于接近表面的第 1 层形成更有序的结构。

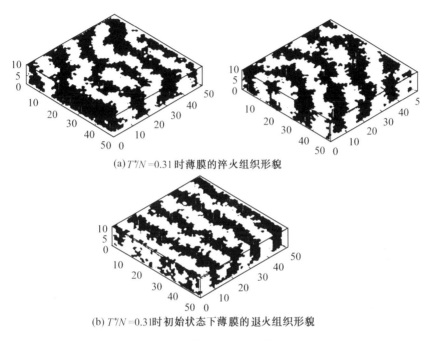

(a) $T^*/N=0.31$ 时薄膜的淬火组织形貌

(b) $T^*/N=0.31$ 时初始状态下薄膜的退火组织形貌

图 2.29　　不同初始状态下薄膜的组织形貌

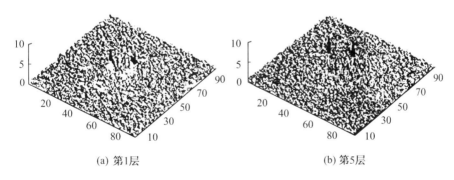

(a) 第1层

(b) 第5层

图 2.30　　退火时的散射图

关凯书等人[15] 通过建立非晶态化学镀 NiP 原子沉积过程的计算机模拟模型,用 Monte Carlo 法对原子沉积过程进行二维计算机模拟。模拟时原子在表面的迁移采用周期性边界条件。吸附原子由简单的圆代替,其半径比例与实际的相同,Ni 原子半径 $r_{Ni}=0.25$ nm,P 原子半径 $r_P=0.22$ nm,二者比例为

$r_{Ni}/r_P = 1.136$。一般高磷镀层中 Ni 原子数量与 P 原子数量的比约为 8：2。本模型中取二者原子数量比为 8：2。以 Ni 原子的直径为基准，采用无量纲单位。具体单位如下：表面长度 l 取 200 个 Ni 原子直径，$l = 200 \times \sigma_{Ni} = 50$ nm，无量纲长度 $l^* = l/\sigma_{Ni} = 200$，Ni 原子无量纲直径 $\sigma_{Ni}^* = \sigma_{Ni}/\sigma_{Ni} = 1$，P 原子无量纲直径 $\sigma_P^* = \sigma_P/\sigma_{Ni} = 0.88$。取标准化表面长度为 1，即长度在[0,1]之间。高度坐标与长度坐标相同。模拟时，分别选取不同的吸附概率及最大迁移距离。模拟步骤如下：

（1）使标准化表面长度(l^*)尺寸在[0,1]之间。输入原子直径 σ_{Ni}^* 和 σ_P^*、Ni 原子与 P 原子的数量比 n、最大迁移距离 S、吸附原子迁移概率 k(迁移系数为 $1-k$)等初始值。

（2）产生在[0,1]之间均匀分布的随机数 rand1，如 rand1 $\leqslant 0.8$(0.8 为 Ni 原子与 P 原子的数量之比)，则一个 Ni 原子吸附(即一个 Ni 原子络合体 NiL 吸附，产生一个大圆)；否则，一个 P 原子吸附(即一个次磷酸根离子吸附，产生一个小圆)。

（3）产生[0,1]之间均匀分布的随机数 rand2，rand2 决定步骤(2)产生的物理吸附分子位置的 x 坐标，如产生的随机数 rand2 = 0.63，则步骤(2)产生吸附分子的 x 坐标为 0.63。

（4）计算该吸附原子结合能及沉积概率 p_{ads}，当 P 原子构成最近邻时结合能为 0。产生[0,1]之间均匀分布的随机数 rand3，如 rand3 $< p_{ads}$，则该原子在初始吸附位置沉积，否则，该原子沿表面迁移。吸附原子向两侧迁移的概率相等。在给定的最大迁移距离 S 内，该吸附原子在配位数最大处沉积。产生均值为 $1.123\sigma^*$，方差为 0.33 正态分布的随机数，确定原子的高度坐标。

（5）重复步骤(2)～(4)，统计原子坐标，计算径向分布函数及显微孔隙率。

图 2.31 为不同的 k 及 S 时得到的二维模拟图形。模拟结果显示，镀层的显微孔隙率随吸附原子迁移概率 k 的增加而降低，随最大迁移距离 S 的增大而降低。

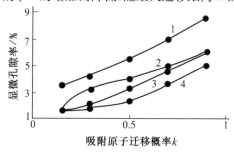

图 2.31　不同的 k 及 S 时得到的二维模拟图形

1—$S = 5$ nm；　2—$S = 20$ nm；　3—$S = 40$ nm；　4—$S = 75$ nm

图 2.32 为吸附原子可能的沉积位置。吸附原子迁移后可能在不同的位置生长。不同的迁移概率导致镀层的结构不同,从而导致镀层的显微孔隙率不同。迁移概率与原子迁移是相关的,迁移概率小,原子迁移数量少,大部分原子在初始吸附位置沉积,少数迁移到配位数较多的位置处沉积,这将导致原子重新分布的机会减少,填充空穴及孔隙的能力降低,镀层显微孔隙率增加。

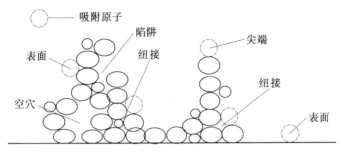

图 2.32　吸附原子可能的沉积位置

2.5.4　Monte Carlo 法的其他应用

李世晨等人[16] 采用基于 Multi-States Ising 模型的 Monte Carlo 法对 Al − Cu − Li − xMg 合金时效早期微观结构的演变过程和机理进行了模拟研究。为了便于建模,进行如下理想化处理:① 忽略晶格畸变对原子偏聚形态的影响;② 原子间的相互作用采用对势方法计算,只计入最紧邻原子间的相互作用;③ 忽略位错、晶界等其他缺陷对扩散过程的影响;④ 模拟过程假定空位数量守恒,忽略在时效过程中出现的空位湮没和崩塌成位错环的过程。Monte Carlo 法的算法如下:

(1) 完全随机地生成一个溶质原子的初始分布位形,以模拟过饱和固溶体的状态。

(2) 生成一个溶质原子分布新位形。

(3) 计算两种位形的能量变化差值 ΔE。

(4) 根据 ΔE,计算空位跃迁概率 ω,决定是否接受新位形,并回到第(2)步。

(5) 若不接受新位形,以老位形替代新位形,回到第(2)步。

上述算法中空位跃迁概率 ω 取决于空位在迁移方向上与最紧邻原子交换位置前后的能量差异 ΔE,采用以下公式进行计算,得到

$$\omega = \frac{\exp\left(-\dfrac{-\Delta E}{k_{\mathrm{B}} T}\right)}{1 + \exp\left(\dfrac{-\Delta E}{k_{\mathrm{B}} T}\right)} \tag{2.121}$$

式中,ΔE 为空位跃迁而引起的能量变化;k_{B} 为 Boltzmann(玻耳兹曼)常数;T

为绝对温度。

原子间的相互作用采用对势方法,空位跃迁引起的能量变化为

$$\Delta E = E_{\text{after}} - E_{\text{before}} = \sum_{i,i'}^{n} (\varepsilon_{v(j)i} + \varepsilon_{j(v)i'}) - \sum_{i,i'}^{n} (\varepsilon_{v(v)i} + \varepsilon_{j(j)i'}) \quad (2.122)$$

式中,$\sum \varepsilon_{v(j)i}$ 为空位跃迁至 j 位置后与最近邻及次近邻原子形成的空位-原子对的能量和;$\sum \varepsilon_{j(v)i'}$ 为空位跃迁后,造成 j 原子跃迁至原空位处与最近邻及次近邻原子形成的原子-原子对的能量和;$\sum \varepsilon_{v(v)i}$ 为空位跃迁前,与最近邻及次近邻原子形成空位-原子对的能量和;$\sum \varepsilon_{j(j)i'}$ 为原子在跃迁前与最近邻及次近邻原子形成的原子-原子对的能量和。

图 2.33 为 Al-1.2Cu-5.7Li-xMg 合金时效早期的溶质原子在(100)晶面上形态演化的模拟结果。从图中可知,在 Al-1.2Cu 合金中出现了大量 Cu 原子团簇,这与 Al-Cu 合金时效早期出现的经典结果一致。

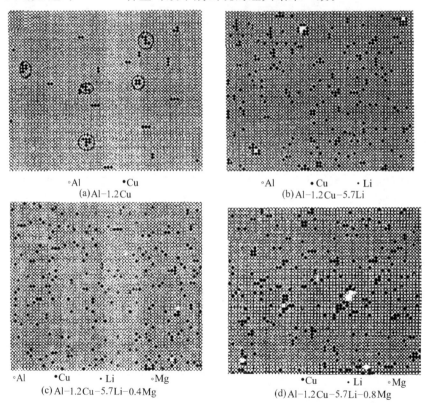

图 2.33　Al-1.2Cu-5.7Li-xMg 合金时效早期的溶质原子在(100)晶面上形态
　　　　演化的模拟结果

图 2.34(a) 和（b）所示分别为 Al-1.2Cu-5.7Li-xMg 合金时效早期 Cu
原子团簇的平均尺寸和其在基体中剩余浓度的演化曲线，结果表明：Al-1.2Cu
合金中 Cu 原子在时效早期强烈的偏聚形成了大尺寸的 Cu 原子团簇，造成了
Al 基体中剩余 Cu 原子浓度降低；而加入大量 Li 原子形成 Al-1.2Cu-5.7Li 合
金后，Cu 原子的团簇过程受到明显的抑制，Cu 原子团簇的平均尺寸大幅下降，
同时剩余溶质原子浓度也增大了。

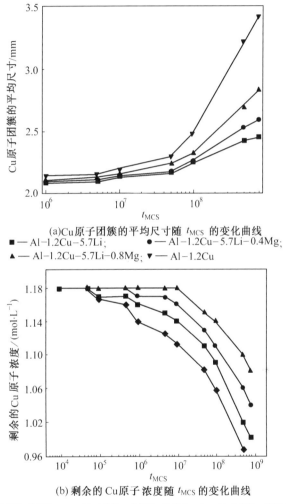

(a)Cu 原子团簇的平均尺寸随 t_{MCS} 的变化曲线

■ — Al-1.2Cu-5.7Li;　● — Al-1.2Cu-5.7Li-0.4Mg;
▲ — Al-1.2Cu-5.7Li-0.8Mg;　▼ — Al-1.2Cu

(b) 剩余的 Cu 原子浓度随 t_{MCS} 的变化曲线

■ —Al-1.2Cu-5.7Li-0.8Mg; ● — Al-1.2Cu-5.7Li-0.4Mg; ▲ —Al-1.2Cu-5.7Li; ◆ —Al-1.2Cu

图 2.34　Al-1.2Cu-5.7Li-xMg 合金时效早期 Cu 原子团簇的平均尺寸和其在基体
　　　　中剩余浓度的演化曲线

图 2.35(a) 和（b）所示分别为 Al-1.2Cu-5.7Li-xMg 合金时效早期的 Li 原子团簇的平均尺寸和基体中剩余浓度的演化曲线。结果表明,Al-1.2Cu-5.7Li 合金中的 Li 原子在时效早期迅速偏聚形成大尺寸 Li 原子团簇,Li 原子在基体中的剩余原子浓度也相应减少。而与 Cu 的演化过程不同的是,随着 Mg 的加入,Li 原子团簇的平均尺寸开始减小,而且,Mg 的质量分数越大,Li 原子团簇的平均尺寸越小,而剩余溶质 Li 原子的浓度越小。上述结果表明微量 Mg 的加入能够抑制 Li 原子团簇的偏聚过程,说明 Mg 的添加有利于抑制富 Li 的 δ' 相（Al$_3$Li）的形成。

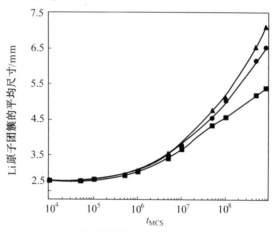

(a) Li 原子团簇的平均尺寸随 t_{MCS} 的变化曲线

■ — Al-1.2Cu-5.7Li-0.8Mg；● — Al-1.2Cu-5.7Li-0.4Mg；▲ — Al-1.2Cu-5.7Li

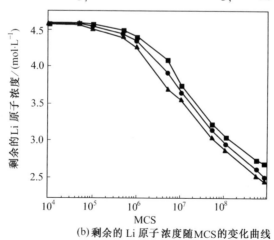

(b)剩余的 Li 原子浓度随MCS的变化曲线

▲ — Al-1.2Cu-5.7Li-0.8Mg；● — Al-1.2Cu-5.7Li-0.4Mg；■ — Al-1.2Cu-5.7Li

图 2.35　Al-1.2Cu-5.7Li-xMg 合金在时效早期 Li 原子团簇的平均尺寸和其在基体中剩余浓度的演化曲线

吴迪等人[17]使用 Monte Carlo 法模拟线性聚合物的无规降解行为。模拟中采用 Gillespie 提出的算法,将表征聚合度为 n 的分子降解为聚合度为 i 和 $(n-i)$ 的反应,$\langle DP \rangle_n \rightarrow \langle DP \rangle_i + \langle DP \rangle_{n-i}$ 的反应可能性函数表示为

$$a_{in} = k \times [X_n]$$

式中,$[X_n]$ 为聚合度为 n 的分子的数目;k 为反应速率常数。

聚合度为 n 的分子发生反应的可能为 $a_n = \sum_{i=1}^{n-1} a_{in}$,而 $A = \sum_{n=1}^{max} a_n$ 是体系发生反应的函数。

如图 2.36 所示,初始设定以聚合度为 450 的分子为高斯峰对称中心进行模拟。由图可见,初始设定的高聚合度分子的数目快速减少,即其分子数因降解而快速地消耗;初始分子数目为 0 的分子数目增加,聚合度越小,分子数目增加得越多,极低聚合度处大量分子堆积,此外并未生成新峰,任意聚合度下的分子数目与相邻聚合度下的分子数目几乎没有差别。

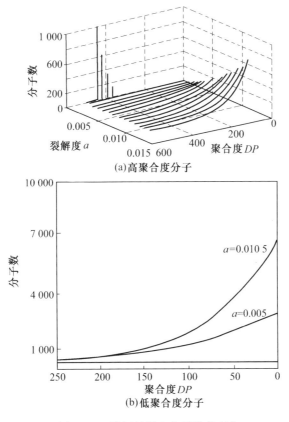

图 2.36　降解过程中分子数的变化

如图2.37所示,初始设定的分子数不为0的高斯对称中心处分子数减少速度是惊人的,聚合度越高,变化速度越快。即便是其中聚合度最小的样本(聚合度为450),在裂解度为0.005时已有90%的分子被降解了,在裂解度为0.01时已接近被完全降解。

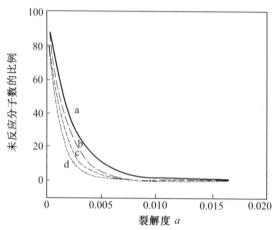

图2.37　降解过程中初始设定分子数不为0的未反应分子数的比例与裂解度的关系
a—聚合度为450;b—聚合度为600;c—聚合度为750;d—聚合度为900

高希光等人[18]进行了纤维位置随机引起的复合材料性能的分散性研究。使用Monte Carlo法生成多个复合材料的数字化样本,然后使用GMC模型分别计算出各个样本材料的刚度矩阵,将刚度矩阵换算为需要的弹性参数。最后使用数理统计的方法对计算结果进行研究,得到材料弹性参数的概率密度分布图。

如图2.38所示,采用均匀分布模拟纤维位置,得到随机的模拟截面效果。图2.39是材料实际的截面。从两图的对比可以看出,模拟的效果已经相当接近实际的纤维分布。

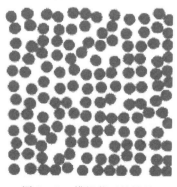

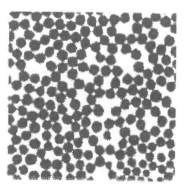

图2.38　模拟截面的效果　　　　　图2.39　材料实际的截面

　　图 2.40 为采用正态分布模拟纤维位置随机变化时的模拟截面。当纤维半径取不同的数值时,模拟并计算得到各个弹性参量变异系数随纤维体积比的变化曲线,如图 2.41 ~ 2.43 所示。

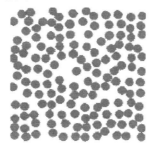

图 2.40　采用正态分布模拟纤维位置随机变化时的模拟截面

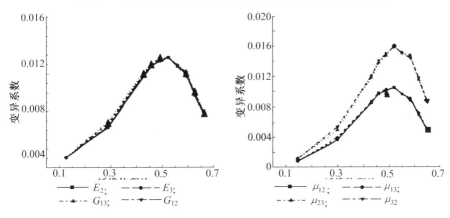

图 2.41　E_2、E_3、G_{13} 和 G_{12} 的变异系数　　　图 2.42　μ_{12}、μ_{13}、μ_{23} 和 μ_{32} 的变异系数
　　　　　随纤维体积比的变化　　　　　　　　　　　随纤维体积比的变化

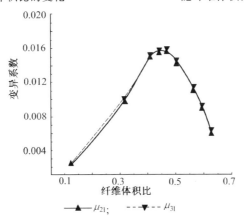

图 2.43　μ_{21} 和 μ_{31} 的变异系数随纤维体积比的变化

模拟结果表明：

① 不论使用均匀分布还是正态分布模拟纤维中心位置的随机变化，都可以达到较理想的效果。材料截面模拟图与实际截面图比较接近。

② 由纤维位置变化引起的材料分散性随纤维体积比(V_f)先增大后减小。V_f 为 0.3 ~ 0.6，变异系数存在极大值。

邓辉球等人[19]应用 Monte Carlo 法，结合分析型嵌入原子模型，模拟研究了 Pd-Au 二元合金表面成分的偏析。在模拟过程中，将系统 S 的一个宏观物理量 $A(S)$ 表示为

$$A(S) = \frac{\int_{\Omega(S)} A(X) f(X) \mathrm{d}X}{\int_{\Omega(S)} f(X) \mathrm{d}X} \qquad (2.123)$$

其中，相空间 $\Omega(S)$ 包含了系统 S 中所有可能的状态 X；$f(X)$ 是状态 X 的概率分布函数。设一个 B 原子取代一个 A 原子，从状态 X_i 到 X_j 的转变概率为

$$p_{ij} = f(X_j)/f(X_i) = (\Delta_A^3/\Delta_B^3) \exp\{-(\Delta E_x + \Delta\mu)/kT\} \qquad (2.124)$$

式中，ΔE_x 是状态 X_i 和 X_j 的能量差；Δ_A、Δ_B、μ_A 和 μ_B 分别是原子 A、B 的 de Broglie(德布罗意) 波长和化学势；$\Delta\mu$ 是两种原子的化学势之差；k_B 是 Boltzmann 常数；T 是系统的温度。

在 Monte Carlo 模拟过程中，按照 Metropolis 算法，在状态 X_i 向 X_{i+1} 的演化过程中，当系统的能量变化 $\Delta E \leqslant 0$ 时，接受 X_{i+1} 状态；当 $\Delta E > 0$ 时，取一个 0 与 1 之间的随机数 R，若 $p_{i,i+1} \geqslant R$，则接受 X_{i+1} 状态，否则不接受此状态。

计算体成分时取条块状的计算区域，空间 3 个方向应用周期性边界条件以减小所取体积大小对计算结果的影响，每层选取 64 个原子，所取计算晶格中有 8 层原子，总计 512 个原子，每个原子平均的 Monte Carlo 步数为 3 000 ~ 5 000。在温度为 T 时，选任意 $\Delta\mu(\mu_A - \mu_B)$ 值计算体成分，通过调整 $\Delta\mu$ 值反复计算，直至达到所期望的合金成分。计算表面成分时取图 2.44 所示的区域，在 y、z 方向应用周期性边界条件，x 方向则不具有周期性边界条件，x 方向平行于所要计算表面的法线方向，边界外为真空区域，为减小表面效应对计算结果的影响，非完整晶格中原子层数增加为 21 层，整个晶格中包含有 1 344 个原子。用计算体成分时得到的 $\Delta\mu$ 值计算表面偏析，每个原子平均的 Monte Carlo 步数增大到 20 000。

Monte Carlo 模拟计算的整个程序的流程框图如图 2.45 所示。

(1) 输入参数。输入参数包括原子层数、每层原子个数、两种合金元素的基本物理量(包括晶格类型、晶胞参数、弹性常数等)、合金的晶格类型和表面方向及其旋转矩阵等。

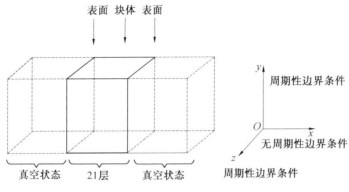

图 2.44 模拟表面偏析所选用的矩形区域

（2）建立合金晶格。按照晶体原胞在三维空间的周期性堆垛构成。计算体成分时，应用三维周期性边界条件；计算表面时，在平行于表面的方向应用周期性边界条件，而沿表面的法线方向则没有周期性边界条件。

（3）计算初始态能量。用分析型 EAM 多体势模型计算元素的势函数，通过构造的合金势即可计算合金体系在一定条件下的总能量。每个原子能量由 3 部分组成，即对势部分、嵌入能部分和修正项部分。

（4）执行基本的 Monte Carlo 模拟过程：随机选取一个将要移动的原子，随机决定其种类，然后用 EAM 多体势函数计算原子移动前后系统总能量的变化，再按照 Metropolis 算法决定这一步是否被接受。在开始模拟抽样之前，可以先取若干步进行"热化"，以消除对出发点的任何依赖。正式抽样计算后，反复执行这一过程，直至达到所设定的 Monte Carlo 步数。在循环过程中每隔一定步数输出一组数据，最后采用分层抽样方法以减少方差。

程序允许系统有 3 种不同的方式朝平衡态方向演化：原子可以沿任意方向做小的位移，即模拟原子的振动与弛豫；原子的晶格常数可以变化，即模拟晶格的热膨胀和收缩；在总的原子数不变的情况下，原子类型可以任意变化，即模拟合金中原子之间通过相互扩散而达到的平衡状态。

模拟 Pd – Au 合金系的(100)面，得到从表面向内部不同原子层的剖面成分分布，如图 2.46 所示。第 11 层为正中间，第 1 层和第 21 层为最外层，虚线为计算机模拟时设定的各组合金的体成分。图 2.46 共显示了 5 种不同成分的合金在温度为 800 K 时的表面偏析情况：表面各层的成分均显示出振荡分布，并影响到第 3 层。与相应的体成分比较，最外层的 Au 物质的量分数比相应的体成分高得多，次表面的 Au 物质的量分数则比体成分稍小，而第 3 层 Au 原子仍然富集，但比最外层富集的程度低很多，已经与体成分非常接近。

徐建宽[20] 利用 Monte Carlo 模拟凝胶网络中溶质分子的扩散特性。模拟的主要步骤为：

（1）在凝胶网络中随机选择一点，若该点和网络纤维的最近距离小于纤维半径与溶质分子半径之和 R_{E0}，则该点不能作为溶质分子运动的起始点，须重新选择一个随机点，若该点和网络纤维的最近距离大于等于 R_{E0}，则接受该点作为溶质分子运动的起始点。

（2）随机选择一个运动方向和一个符合正态分布的步长，并计算溶质分子下一点 W_N（溶质分子随机跳跃到的某一点）的位置。为减小步长对结果的影响，取溶质分子的运动步长为网眼尺寸的 1%。

（3）计算 W_N 和网络纤维的最近距离，若小于 R_{E0}，则溶质分子停留在原处，将模拟次数加 1，返回步骤（2）；反之，进行步骤（4）。

（4）计算相邻两个位置的能量差（ΔE），若 $\Delta E < 0$，则将溶质分子移动到 W_N；若 $\Delta E > 0$，则按下式计算跳跃概率为

$$p_J = \exp\left(-\frac{\Delta E}{k_B T}\right) \qquad (\Delta E > 0)$$

(2.125)

并产生一个随机数 p_R，若 $p_J < p_R$，则将溶质分子移动到 W_N 点，反之，将溶质分子停留在原点。完成判断后，将模拟次数加 1，返回步骤（2）。

（5）当模拟次数大于设定的数值时，停止模拟。

得到的粒子位置随时间的变化数据后，对独立数据进行平均可得到溶质分子的均方位移为

$$\langle R^2(N_S)\rangle = \frac{1}{N_I}\sum_{i=0}^{I}(W_{i+N_S}-W_{i+N_S+N_S})^2$$

(2.126)

式中，N_S 为取样间隔；I 为取样次数。

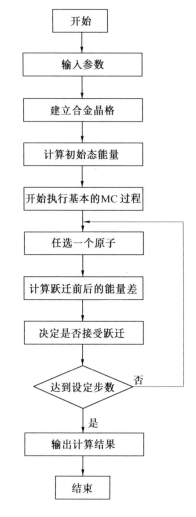

图 2.45　Monte Carlo 模拟计算的整个程序流程框图

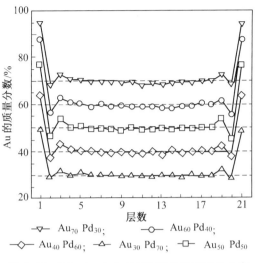

图 2.46 Pd - Au 合金(100)面的剖面成分分布

利用式(2.126)得到均方位移后,可将之代入溶质分子扩散系数公式 (2.127)得到 D,而后利用不同时间间隔下的 D 和式(2.128)计算异常扩散指数 $d\omega$。为得到可靠的结果,取 N_1 大于 100。

溶质分子扩散系数为

$$D = \frac{\langle R^2(\Delta t)\rangle}{2D_T\Delta t} = 常数 \tag{2.127}$$

式中,$R(\Delta t)$ 为溶质分子的位移;D_T 为溶质分子运动空间的拓扑维数;Δt 为取样的时间间隔。

D 随取样时间的间隔而变化,它们之间的关系为

$$D \propto \Delta t^{(2-d\omega)/d\omega} \tag{2.128}$$

其中,$d\omega$ 为异常扩散指数,它的数值越大,表明粒子运动的相关性越大,偏离 Markoff 过程的程度越显著。

当溶质分子和凝胶纤维之间不存在引力和斥力时,利用 MC 模拟得到溶质分子的均方位移(MSD)随取样间隔的变化,如图 2.47 所示。

利用式(2.127)对图 2.47 中的数据进行分析,可得扩散系数 D、阻滞因子 H(溶质分子在凝胶中的 D 与其在自由溶液中的 D 之比),取样间隔对阻滞因子的影响如图 2.48 所示。

当溶质分子和凝胶纤维之间存在相互作用时,溶质与纤维之间的相互作用对溶质分子的阻滞因子 H 产生影响,如图 2.49 所示。其中图 2.49(a)中溶质分子和凝胶纤维之间存在引力,图 2.49(b)中溶质分子和凝胶纤维之间存在斥力。

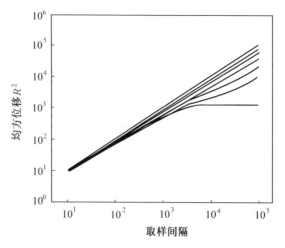

图 2.47　取样间隔对均方位移的影响

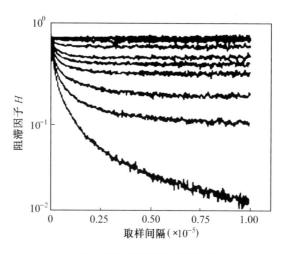

图 2.48　取样间隔对阻滞因子的影响

模拟结果表明：在取样时间间隔较小时，凝胶中溶质分子的运动与其在自由溶液中的扩散有较大差异，具有明显的相关性或分形特性；溶质分子越大，这种特性越显著。溶质分子与网络纤维之间的引力和斥力对溶质分子扩散特性有影响。引力和斥力均可导致溶质分子的扩散系数显著降低，但引力的影响大于斥力的影响；另外，引力和斥力对 D 的影响均随纤维半径与溶质分子半径之和与网眼半径之比 γ_{ME} 的增大而减小。

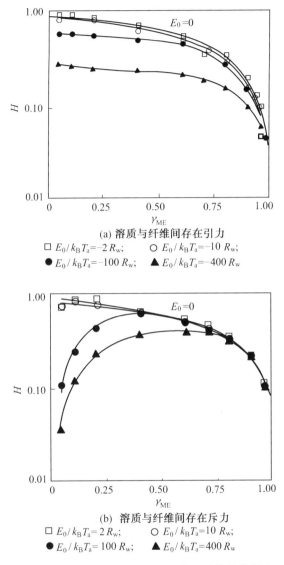

(a) 溶质与纤维间存在引力

□ $E_0/k_B T_a = -2 R_w$;　　○ $E_0/k_B T_a = -10 R_w$;

● $E_0/k_B T_a = -100 R_w$;　　▲ $E_0/k_B T_a = -400 R_w$

(b) 溶质与纤维间存在斥力

□ $E_0/k_B T_a = 2 R_w$;　　○ $E_0/k_B T_a = 10 R_w$;

● $E_0/k_B T_a = 100 R_w$;　　▲ $E_0/k_B T_a = 400 R_w$

图 2.49　溶质与纤维之间的相互作用对扩散的影响

李建青等人[21]借助 Monte Carlo 法随机生成的无规电阻网络模型,对具有不同颗粒尺寸的 $La_{2/3}Ca_{1/3}MnO_3$ 多晶样品的电阻温度关系进行模拟。借助 Monte Carlo 法可以随机生成由顺磁绝缘体(PMI)和铁磁金属(FMM)两相无规分布的二相系统。假设样品由致密的 PMI 粒子和 FMM 粒子构成,每个粒子的中心位于网络格点上,对 PMI 粒子和 FMM 粒子的电阻分别用 R_{PMI} 和 R_{FMM} 表示。相邻粒子间由键电阻(R_{ij})连接,键电阻由处在 i 和 j 位置上的粒子种类确定。对同种粒子,即若 i 和 j 位置上的粒子均为 PMI(或 FMM)粒子,则 $R_{ij} =$

R_{PMI}(或 R_{FMM});而对于异种粒子,即 i 位置上为 PMI 粒子,而 j 位置上为 FMM 粒子,在这种情况下,键电阻由 $1/R_{ij}=1/R_{PMI}+1/R_{FMM}$ 给出。i 位置上放何种粒子取决于计算机生成的随机数的值,若该值小于挑选的值 p,则放 FMM 粒子,否则放 PMI 粒子。通过这一方法可随机生成由 PMI 和 FMM 两种粒子构成的无规电阻网络,Kirchoff(基尔霍夫)电流或电压定律应用于每个网孔即可得到一套方程组,通过数值计算即可得到样品的总电阻。

根据上述的随机电阻网络模型,对两个样品的电阻与温度的关系进行模拟,一个样品是在烧结温度 $T_s=1\,450\ ℃$ 下制备的,由于高 T_s,颗粒边界效应基本可不考虑。另一样品是在 $T_s=850\ ℃$ 下制备的,由于低 T_s,颗粒边界效应起着明显的支配作用,如图 2.50 所示。

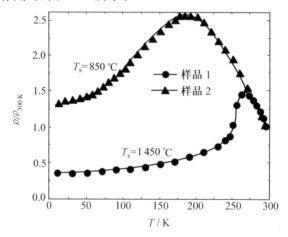

图 2.50 不同 T_s 下制备的 $La_{2/3}Ca_{1/3}MnO_3$ 多晶样品电阻与温度的关系(实线为试验曲线,符号为模拟数据)

模拟结果表明:低 T_s 下制备的样品有明显的颗粒边界效应,颗粒边界的存在通过影响相邻颗粒间的铁磁有序而影响到颗粒内部的 Mn 自旋有序,使得其磁化或铁磁金属粒子的致密度相对于高 T_s 下制备的样品低得多。

郭向云[22] 用 Monte Carlo 法模拟 Pd 原子在气相中形成团簇的过程,并对团簇结构和团簇生长机理进行分析。模拟中选择"LJ(Lennard - Jones 势)+AT(Axilord - Teller 势)"相互作用势模型为

$$U=\varepsilon\sum_{i<j}\left[\left(\frac{\sigma}{r_{ij}}\right)^{12}-2\left(\frac{\sigma}{r_{ij}}\right)^{6}\right]+Z\sum_{i<j<k}\left(\frac{1+3\cos\theta_1\cos\theta_2\cos\theta_3}{T_{ij}T_{jk}T_{ki}}\right) \quad (2.129)$$

式中,ε 和 σ 分别是 LJ 势的能量和距离参数,在本例中分别取 0.7 eV 和 0.257 nm;θ_1、θ_2 和 θ_3 是 i、j、k 3 个原子形成的三角形的内角;Z 是调节其作用大小的参数,Z 一般为 0~1,本例中取 0.5。

模拟时在一个 8 mm×8 mm×8 mm 的立方元胞中,随机放置 500 个 Pd 原子,然后开始随机移动这些原子,对于走出元胞边界的原子,应用周期性边界条件,模拟温度为 1 800 K,以后每完成 1 000 MCS,温度降低 10 K,一直降到 700 K。图 2.51 是元胞中 Pd 原子在 700 K 时的构型。

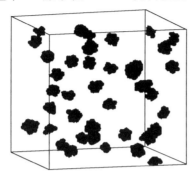

图 2.51　元胞中 Pd 原子在 700 K 时的构型

还用 Monte Carlo 法计算了原子数 n 为 5~57 的团簇 Pd 的能量,计算方法如下:先在一个边长为 2 nm 的立方元胞内随机放置 1 个原子,温度从 1 500 K 开始,每经过 1 000 MCS 降低 10 K,一直降到 5 K,得到 Pd 团簇,计算团簇总能量,利用 RasMol 软件画出团簇的立体结构,计算结果如图 2.52 所示。

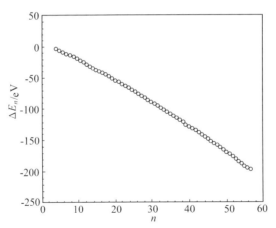

图 2.52　Pd_n 团簇能量的计算结果

如图 2.53 所示,利用 RasMol 软件画出 n 为 13、19、39 及 55 时团簇的结构。从图中可以看出,Pd_{13} 为二十面体结构,一个原子处于二十面体的中心,其余 12 个原子位于二十面体表面的 12 个顶点,具有 5 次旋转对称性,表面相邻原子之间距离为 (0.216 ± 0.002)nm,表面和体心原子间距离为 $(0.248 \pm$

0.001)nm,两个距离都小于晶体中原子间距离(0.275 nm)。$n > 13$ 的 Pd 团簇都是在 Pd_{13} 二十面体的基础上添加原子形成的。如果添加原子后形成的 Pd 具有较高的对称性,那么这种结构就是稳定的。这些团簇都具有 5 次旋转对称性。

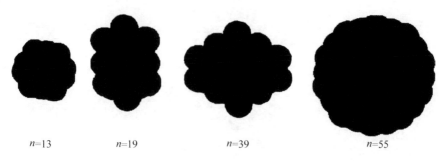

$n=13$ $n=19$ $n=39$ $n=55$

图 2.53 Pd_n 团簇的结构

本章参考文献

[1] 裴鹿成,张孝泽.蒙特卡罗方法及其在粒子输运问题中的应用[M].北京:科学出版社,1980.

[2] 朱本仁.蒙特卡罗方法引论[M].济南:山东大学出版社,1987.

[3] 张孝泽.蒙特卡罗方法在统计物理中的应用[M].郑州:河南科学技术出版社,1991.

[4] 莫春立,丁春辉,何若宏.用 Monte Carlo 方法模拟晶粒长大[J].沈阳理工大学学报,2001,20(1):61-66.

[5] 张继祥,关小军,孙胜.一种改进的晶粒长大 Monte Carlo 模拟方法[J].金属学报,2004,40(5):457-461.

[6] 刘祖耀,郑子樵,陈大钦,等.正常晶粒长大的计算机模拟(Ⅱ)——第二相粒子形状及取向的影响[J].中国有色金属学报,2004,14(1):122-126.

[7] 佟铭明,莫春立,李殿中,等.用 Monte Carlo 法模拟纯铜的静态再结晶[J].材料研究学报,2002,16(5):485-489.

[8] 姜寿文,赵国群,关小军,等.冷轧薄钢板退火过程组织演变的 Monte Carlo 模拟[J].钢铁研究学报,2002,14(5):53-57.

[9] 陈建奇,王伟民,张良,等.二元非晶合金初晶型晶化的 Monte Carlo 模拟[J].金属学报,2004,40(7):741-744.

[10] 郑小平,张佩峰,刘军,等.薄膜外延生长的计算机模拟[J].物理学报,2004,53(8):2687-2693.

[11] 冯倩,黄志高,郁有为.磁性多层膜磁特性的表面效应[J].物理学报,2003,52(11):2906-2911.

[12] 陈光华,杨宁,宋道颖.薄膜生长的 Monte Carlo 模拟[J].北京工业大学学报,2002,28(2):249-252.

[13] 叶健松，胡晓君. 超薄膜外延生长的 Monte Carlo 模拟[J]. 物理学报，2002，51(5)：
1108-1112.

[14] 聂志鸿，石彤非，安立佳. 淬火和退火对称三嵌段共聚物薄膜形貌和结构的 Monte
Carlo 模拟[J]. 高等学校化学学报，2004，25(8)：1559-1562.

[15] 关凯书，刘鹏虎，王志文，等. 化学镀 NiP 原子沉积过程二维计算机模拟[J]. 机械工程
材料，2002，26(10)：15-18.

[16] 李世晨，郑子樵，刘祖耀，等 Al－Cu－Li－xMg 合金时效初期微结构演变的 Monte
Carlo 模拟[J]. 中国有色金属学报，2005，19(9)：1376-1383.

[17] 吴迪，蔡伟民. Monte Carlo 法模拟的线性聚合物无规降解行为[J]. 高分子学报，
2003，1(4)：588-590.

[18] 高希光，宋迎东，孙志刚. 纤维位置随机引起的复合材料性能分散性研究[J]. 航空动
力学报，2005，20(4)：584-589.

[19] 邓辉球，胡望宇，舒小林. 二元合金表面偏析的 Monte Carlo 法模拟[J]. 计算物理，
2003，20(2)：137-141.

[20] 徐建宽，何明霞，何志敏. 凝胶网络中溶质分子扩散特性的 Monte Carlo 模拟[J]. 化
工学报，2002，53(6)：611-615.

[21] 李建青，田旭，张晓玲. 具有不同颗粒尺寸的 $La_{2/3}Ca_{1/3}MnO_3$ 多晶样品阻温关系的
Monte Carlo 模拟[J]. 低温物理学报，2004，26(3)：205-209.

[22] 郭向云. 钯团簇形成和增长机理的 Monte Carlo 研究[J]. 物理化学学报，2003，19(2)：
174-176.

第 3 章　分子动力学方法

分子动力学方法(molecular dynamics method, MDM)广泛用于经典的多粒子体系的研究中。该方法是按体系内部的内禀动力学规律计算并确定位形的变化。它首先需要建立一组分子的运动方程,并通过直接对系统中的每个分子运动方程进行数值求解,得到每个时刻各个分子在相空间的运动轨迹,再利用统计计算方法得到多体系统的静态和动态特性,从而得到系统的宏观性质。因此,分子动力学模拟方法可以看作是体系在一段时间内的发展过程的模拟。通过这样的处理过程发现,在分子动力学方法中不存在任何随机因素。

3.1　基本原理

MD(分子动力学)方法是对物理系统的确定的微观描述。该系统可以是一个少体系统,也可以是一个多体系统。其描述可以是哈密顿描述或拉格朗日描述,也可以是直接用牛顿运动方程表示的描述。在前两种情况下,运动方程必须应用熟知的表述形式导出。MD 方法是通过运动方程来计算系统性质的,得到的结果既有系统的静态特性,也有动态特性。

MD 方法的具体做法是在计算机上求运动方程的数值解。为此,需要通过适当的格式对方程进行近似,使之适于在计算机上求数值解。其实质是计算一组分子的相空间轨道,其中每个分子各自都服从经典运动定律。它包括的不只是点粒子系统,也包括具有内部结构的粒子组成的系统。实际上这就存在一个算法,它允许系统具有内部约束,如聚合物系统,也有别种约束的,如在特定几何约束下的运动。

早期的计算机模拟方法中针对的能量是一个运动为常数的系统,因此系统性质是在微正则系综中计算的,这个系综的粒子数 N、体积 V 和能量 E 都是常数。但是,在大多数情况下,系统在常温 T 下的行为是最受关注的,即对某些量来说,合适的系综不是微正则系综而是正则系综。近年来的研究已经使得目前能够在微正则系综以外的系综中进行模拟。普遍采用的数学方法并不限于只用来解确定性运动方程,也可以用来模拟含有随机参量的运动方程。

MD 方法主要用来处理下述形式的方程:

$$\frac{\mathrm{d}u(t)}{\mathrm{d}t} = K\{u(t);t\} \tag{3.1}$$

其中，$u(t)$ 是未知变量，它可以是速度、角度或位置；K 是一个已知算符；变数 t 通常为时间。对方程(3.1)不做确定性的解释，允许 $u(t)$ 是一个随机变量。例如，研究布朗粒子的运动时，式(3.1)取朗之万方程的形式，即

$$\frac{\mathrm{d}v(t)}{\mathrm{d}t} = -\beta v(t) + R(t) \tag{3.2}$$

由于变化力 $R(t)$ 是随机变量，因此随机微分方程(stochastic differential equation，SDE)的解 $v(t)$ 也将是一个随机函数。

方程(3.2)包括如下 4 种类型：① K 不包括随机元素，并且初始条件精确已知；② K 不包括随机元素，但初始条件是随机的；③ K 包括随机力函数；④ K 包括随机系数。

本书只讨论类型 ① ~ ③。对于类型 ① 和②，方程(3.2)的求解归结为积分。对于类型 ③ 的问题，必须特别小心，因为解的性质取决于概率性的宗量。

为简单起见，本章的以下部分假定所讨论的是单原子系统，从而使得分子相互作用与分子的取向无关。此外，还假设分子的相互作用总是成对出现的相加的中心力。一般来说，系统由哈密顿量描述为

$$H = \frac{1}{2} \sum_i \frac{p_i^2}{m_i} + \sum_{i<j} u(r_{ij}) \tag{3.3}$$

式中，r_{ij} 是粒子 i 和粒子 j 之间的距离。位形部分内能可写为

$$U(r) = \sum_{i<j} u(r_{ij}) \tag{3.4}$$

令系统由 N 个粒子构成，因为只限于研究大块物质在给定密度 ρ 下的性质，所以必须引进一个体积(即 MD 元胞)以维持恒定的密度。如果系统是处于热平衡状态，那么这个体积的形状是无关紧要的，对于气体和液体，在所占体积足够大的极限情况下也适合；而对于处于晶态的系统，元胞的形状选择是有影响的。

对于液态和气态，为了便于计算，取一个立方体的元胞。设 MD 元胞的线度大小为 L，于是体积 $V = L^3$，引进这个立方体将产生 6 个对模拟无用的表面。撞击这些表面的粒子将会反射回元胞内部，特别是对粒子数目很少的系统，这些表面对任何一种性质都会有重大的影响。为了减小表面效应，常常要加上周期性边界条件(periodic boundary condition，PBC)，即令基本元胞完全等同地重复无穷多次。这个条件可用数学表达式描述如下：

$$A(x) = A(x + nL), \quad n = \langle n_1, n_2, n_3 \rangle \tag{3.5}$$

其中，n_1, n_2, n_3 为任意整数。对任何可观察量 $A(x)$ 在计算上是这样实现的。如果有一个粒子穿过基本元胞的一个表面，那么这个粒子就能穿过对面的表面

重新进入元胞,速度不变。这样通过周期性边界条件就可以消除表面的影响,并且建造出一个准无穷大体积,以使其更精确地代表宏观系统。这里所做的假设是,这个小体积是嵌在一个无穷大的大块之中。

位置矢量的每个分量由 0 和 L 之间的一个数表示。如果粒子 i 在 r_i 处,那么有一组影像粒子位于 $(r_i + nL)$ 处,n 是一个整数矢量。由于周期性边界条件,位能会受到影响,其形式为

$$U(r_1, \cdots, r_N) = \sum_{i<j} u(r_{ij}) + \sum_n \sum_{i<j} u\{\mid r_i - r_j + nL \mid\} \tag{3.6}$$

为了避免等号右边第二项中的无穷和式,引入一个关于距离如何计算的约定:r_i 处的粒子 i 同 r_j 处的粒子 j 之间的距离为

$$r_{ij} = \min\{\mid r_i - r_j + nL \mid\} \qquad (\text{对一切 } n)$$

基本元胞中的一个粒子只同基本元胞中的另外 $(N-1)$ 个粒子中的每个粒子或其最近邻的影像粒子发生相互作用。实际上,这是根据条件

$$r_c < L/2 \tag{3.7}$$

来截断位势。为此付出的代价是忽略了背景的影响。更现实的做法是把每个粒子同所有影像粒子的相互作用都考虑进来,因此 L 的数值应当选得很大,使得距离大于 $L/2$ 的粒子的相互作用力小得可以忽略,以避免有限尺寸效应。

立方体当然并不是用来盛放系统并保持密度守恒的唯一可能的几何形状。有些情况下(如结晶)需要选择其他形状的元胞。不过在任何情况下都存在着一种危险:周期性边界条件会引起特定的晶格结构的出现。

3.1.1 积分格式

从计算数学的观点来看,MD 方法是一个初值问题。对于这种问题的算法已有了大量的发展,不过并非所有这些算法都适宜用来解决物理问题。主要原因是许多格式都要求多次计算式(3.1)右边的值,存储先前算出的值并(或)进行迭代。具体地说,设从式(3.3)导出了式(3.1),即运动方程为

$$m \frac{\mathrm{d}r_i}{\mathrm{d}t} = p_i; \qquad \frac{\mathrm{d}p_i}{\mathrm{d}t} = \sum_{i<j} F(r_{ij}) \tag{3.8}$$

对于 N 个粒子,每次计算右边的值需要做 $N(N-1)/2$ 次相当费时的运算。为了避免这一点,需经常使用较简单的格式,它们的精度在大多数应用中已经足够。

为了进一步在计算机上求解运动方程,需要将微分方程转换成有限差分格式。从差分方程再导出位置和速度(动量)的递推关系,这些算法是一步一步执行的,在每一步得到位置和速度的近似值,首先得到 t_1 时刻的,然后得到 $t_2 > t_1$ 时刻的,依此类推。于是,积分是在时间方向上进行的(时间积分算

法)。显然,必须要求递推关系能够进行高效率的计算。此外,这个格式在数值计算方面必须是稳定的。

微分方程最直截了当的离散化格式是通过泰勒展开,它的基本想法是把微分算符换成对应的离散算符,做适当的假设后将变量 u 展开泰勒级数为

$$u(t+h)=u(t)+\sum_{i}^{n-1}\frac{h^i}{i!}u^{(i)}(t)+R_n \tag{3.9}$$

其中,余项 R_n 给出近似式的误差。不过,使用 O 记号更为方便,记号 $O(f(z))$ 代表任何满足以下条件的量 $g(z)$:只要 $a<z<b$,就有 $g(z)<M<f(z)$,其中 M 是一个未指定的常数,有

$$\begin{cases} f(z)=O(f(z)) \\ O(f(z))=O(g(z)) \\ O(f(z))+O(f(z))=O(f(z)) \\ O(O(f(z))=O(f(z)) \\ O(f(z)) \cdot O(g(z))=O(f(z)g(z)) \end{cases} \tag{3.10}$$

可得到式(3.9)中误差的量级为 $O(h^n)$。从式(3.9)可以立即建立一个差分格式(对称差分近似),其离散化误差为 h 的量级,令 $n=2$,得

$$\frac{du(t)}{dt}=h^{-1}\left[u\{t+h\}-u(t)\right]+O(h) \tag{3.11}$$

$$\frac{du(t)}{dt}=h^{-1}\left[u(t)-u(t-h)\right]+O(h) \tag{3.12}$$

式(3.11)和式(3.12)是最简单的差分格式,式(3.11)称为前向差商,式(3.12)称为后向差商,使用前向差商,可得到解普遍问题(3.1)(它在初始时刻 t 有初值 u_t)的欧拉算法,即

$$u(t)=u_t, \quad u(t+h)=u(t)+hK(u(t),t) \tag{3.13}$$

欧拉算法是一步法的典型例子。这种方法使用前一时刻的值作为唯一的输入参数以决定下一时刻的值,下面计算使用这个算法所带来的误差。令 $z(t)$ 为方程

$$\frac{dz(t)}{dt}=K(z(t),t) \tag{3.14}$$

的精确解,定义函数为

$$\mu(u,t,h)=\begin{cases} \dfrac{z(t+h)-u}{h} & (h \neq 0) \\[2mm] K(u,t) & (h=0) \end{cases}$$

是精确解的差商,差值

$$\tau(u,t,h)=\mu(u,t,h)-K(u,t) \tag{3.15}$$

是局部离散化误差的量度,若

$$\tau(u,t,h)=O(h^p) \tag{3.16}$$

则这个方法是一个 p 阶方法。欧拉算法的 $p=1$,可以进一步求总体的离散化误差。可以证明,一步法的总体误差等于局部误差。

迄今为止只考虑了一步法,若令式(3.9)中的 $n=3$,则立即可导出一个更精确的方案,即给出二步法:

$$\begin{cases} u(t+h)=u(t)+h\,\dfrac{\mathrm{d}u(t)}{\mathrm{d}t}+\dfrac{1}{2}h^2\,\dfrac{\mathrm{d}^2u(t)}{\mathrm{d}t^2}+R_3 \\[2mm] u(t-h)=u(t)-h\,\dfrac{\mathrm{d}u(t)}{\mathrm{d}t}+\dfrac{1}{2}h^2\,\dfrac{\mathrm{d}^2u(t)}{\mathrm{d}t^2}+R_3^* \end{cases} \tag{3.17}$$

用上式减去下式,可得

$$u(t+h)=u(t-h)+2h\,\frac{\mathrm{d}u(t)}{\mathrm{d}t}+R_3-R_3^*$$

误差分析表明,误差的量级为 $O(h^3)$。于是

$$\frac{\mathrm{d}u(t)}{\mathrm{d}t}=\frac{1}{2h}\big[u(t+h)-u(t-h)\big]+O(h^2) \tag{3.18}$$

同样,可得到二阶导数:

$$u^{(2)}(t)=h^{-2}\big[u(t+h)-2u(t)+u(t-h)\big]+O(h^2) \tag{3.19}$$

通过多步法可以建立高阶算法。在计算物理学中使用的典型的多步方法是 Gear、Beeman 和 Toxvaerd 发展的算法,这些方法(包括一步法)的普遍形式为

$$u(t+rh)+\sum_{v=0}^{r-1}a_v u(t+vh)=hG(t;u(t+rh),\cdots,u(t);h) \tag{3.20}$$

其中,G 是 K 的某种函数,如

$$G=\sum_{v=0}^{r}bK(u(t+vh),t+vh)$$

在此要区分预报和校正两种格式,预报格式中的 G 不依赖 $u(t+rh)$,而校正格式中的 G 则依赖于 $u(t+rh)$。

大部分预报-校正方法所要求的内存要比一步法或二步法所要求的内存要大得多。由于计算机内存的限制,只有某些算法才适用于物理系统。此外,有些方法还需要通过迭代来解出隐式给定的变量。

在导出了一些求运动方程数值解的算法之后,接下来的问题是如何选择基本时间步长 h(MD 步长),它决定着算出的轨道的精度。因此,在统计误差之外,h 也影响计算出的系统特性的精度,但是 h 的选择对模拟的实际时间的长短也是一个重要的决定因素,问题是时间步长究竟可以取多大。例如,考虑由 N 个粒子构成的氩原子系统,假设粒子之间的相互作用是 Lennard-Jones 型。对于氩原子系统,发现在相图的大部分区域中,取时间步长 $h \propto 10^{-2}$ 已经足够,

这里 h 是一个无量纲量,大约相当于实际时间 10^{-14}s,于是,持续 1 000 步的模拟相当于实际时间 10^{-11}s。

相空间中被抽样部分的大小取决于步长 h 连同实现的 MD 步数。为了对更大的部分抽样,希望 h 尽可能大些,但是,h 决定时间标尺,所以还必须考虑系统发生变化的时间尺度,有些系统具有几种不同的时间尺度,对于一个分子系统,分子间的行为模式可能有一个时间尺度,分子内的行为模式可能有另一个时间尺度,但是还没有一个选择 h 的判据。只有一个很一般的经验定则:总能量的涨落不应超过势能涨落的百分之几。应用时需要计算一切可观察量的关联函数,而通常情况下,不同的量有不同的弛豫时间,因而只观察能量可能会被误导。

位势截断是能量涨落的一个原因,另一个原因是近似式包含的误差,不论一个算法近似的阶数有多高,只要 h 是有限大,系统迟早会偏离真实的轨道。有限大小的时间步长会使能量产生一个偏移 δE,虽然这个偏移可能很小。

从更普遍的观点着眼,可以提出算法守恒性质的问题,在一次分子动力学模拟的过程中,能量、动量和角动量应当守恒,建立守恒的一个方法是对系统加上人工的约束。但是,存在着一个强迫系统守恒的严格办法 —— 不是用力而是用位势来计算运动,可以证明,采用这一做法后,如果把算法表示为一种特殊的形式,则能量、动量和角动量保持恒定。然而,即使能量守恒,仍有离散化误差,因而算出的轨道并不是真正的轨道,系统遵循的将是等能量曲面上的另一条路径,还要求给出正确的位势,但是对于封闭在有限体积内的系统,却不能做到这一点。此外,还可以要求一个算法的时间反演性质,如果要求方程组定义一个正则变换,则只有一步法才在时间反演下是不变的。

能量涨落可以由计算机的有限位精度引起,也可以由有限大小的 MD 步长引起,虽然舍入误差的影响通常都比其他因素小,但仍应当加以考虑。每一次算术运算都有一个舍入误差,一次加法的结果是以有限的精度得到的,它的最后一位并不是真值,而是舍入的结果。数量级相差很远的两个量相加时也会带来误差(注意,在计算机上加法的结合律不成立)。计算作用在一个粒子上的力时就可能发生这种情况,设想至少有一个粒子对这个粒子施加一个很强的排斥力,有些粒子位于位势的极小点处,给出的贡献小得可以忽略,而其他的粒子则离得很远。把小贡献同强排斥力相加,将会损失几位数字的精度,但是,如果首先对各个贡献按照其大小排序,再从最小项开始相加进行求和,有效数字位数就能保持。

3.1.2 计算热力学量

在进行物理系统的计算机模拟中,系综平均必须用时间平均代替,在通常的 MD 模拟中,粒子数 N 和体积 V 是固定的。严格来说,总动量是另一个守恒量,为了避免系统作为一个整体运动,把总动量置为 0,给定初始位置 $r^N(0)$ 和初始动量 $p^N(0)$ 后,一个 MD 算法将从运动方程生成轨道 $(r^N(t), p^N(t))$,轨道平均的定义为

$$\overline{A} = \lim_{t' \to \infty} (t' - t_0)^{-1} \int_{t_0}^{t'} dt A (r^N(t) \cdot p^N(t); V(t)) \qquad (3.21)$$

假定能量守恒,并且轨道在一切具有同一能量的相同体积内经历相同的时间,则轨道平均等于微正则系综平均:

$$\overline{A} = \langle A \rangle_{\mathrm{NVE}}$$

其中,$\langle A \rangle$ 代表系综平均;$\overline{A}$ 代表轨道平均。

孤立系统的总能量是一个守恒量,沿着分子动力学模拟生成的任何一条轨道,能量应保持不变,即 $E = E$。处理时还必须考虑相互作用的力程。一般来讲,这个力程会大于 MD 元胞的边长 L,在 $r_c = L/2$ 处把它截断,不过,这种自然的截断方式并不是唯一的。为了计算方便,通常在一个方便的力程上把位势截断,以减少计算势能所耗用的时间,实际上,如果预先不采取特殊措施,一个 MD 步所需的总执行时间可能有 99% 是用来计算位势,即计算使粒子运动所需的力。

如果位势的截断不是光滑地而是突然降到 0,那么在截断点上的力会出现 δ 函数形式的奇异性。如果位势是以列表的形式给出,这种截断是很容易实现的,但是位势截断对系统特性的影响必须加以考虑,在非平衡的情形下,如发生在一级相变的亚稳态的情形,力程的大小是极其重要的,它会影响从非平衡态到平衡态的弛豫过程。

位势的截断、对运动微分方程的近似,再加上数值舍入误差,引起了能量的漂移,这时的轨道不是时间反演不变的。

孤立系统的动能 E_k 和势能 U 不是守恒量,它们的大小沿着生成的轨道逐点变化,有

$$\begin{cases} \overline{E}_k = \lim_{t' \to \infty} (t' - t_0)^{-1} \int_{t_0}^{t'} E_k(v(t)) dt \\ \overline{U} = \lim_{t' \to \infty} (t' - t_0)^{-1} \int_{t_0}^{t'} U(r(t)) dt \end{cases} \qquad (3.22)$$

因为生成动能的路径是不连续的,所以必须在时间的各个间断点 v 上计算动能的值以求平均:

$$\overline{E}_k = \frac{1}{n - n_0} \sum_{v > n_0}^{n} E_k^v \qquad (3.23)$$

其中

$$E_{\mathrm{k}}^{v} = \sum_i \frac{1}{2} m (v_i^2)^v$$

从平均动能可以计算系统的温度,温度是一个重要的量,需要加以监测,特别是在模拟的起始阶段。

在热力学极限下,一切系综都是等同的,并且可以应用能量均分定理进行热力学极限下可观察量的计算。

3.1.3　能量均分定理

若系统的哈密顿量由式(3.3)给出,则有

$$\frac{1}{2} m v_i^2 = \frac{1}{2} k_{\mathrm{B}} T$$

由于系统的每个粒子有 3 个自由度(暂且不考虑系统所受的约束,如总动量为 0),因此

$$E_{\mathrm{k}} = \frac{3}{2} N k_{\mathrm{B}} T \tag{3.24}$$

假定位势在 r_{c} 处被截断,系统内部的位形能量的轨道平均值为

$$\overline{U} = \frac{1}{n - n_0} \sum_{v > n_0}^{n} U^v \tag{3.25}$$

其中

$$U^v = \sum_{i < j} u(r_{ij}^v)$$

由于位势被截断,总能量和势能含有误差,为了估计必须做出修正。势能在一般情形下的表达式为

$$U/N = 2\pi\rho \int_0^\infty u(r) g(r) r^2 \,\mathrm{d}r \tag{3.26}$$

式中,$g(r)$ 是对关联函数,它是粒子之间的与时间无关的关联性的量度,准确地说,$g(r)\mathrm{d}r$ 是在原点 $r = 0$ 处有一个粒子时,在 r 周围的体积元 $\mathrm{d}r$ 内找到一个粒子的概率。令 $n(r)$ 为离一个给定粒子的距离在 $r \sim (r + \mathrm{d}r)$ 的平均粒子数,于是

$$g(r) = \frac{V}{N} \frac{n(r)}{4\pi r^2 \Delta r} \tag{3.27}$$

对关联函数在模拟过程中很容易计算,所有的距离从力的计算中都已经得出,由于 $g(r)$ 与时间无关,可以实行一次时间平均。

在式(3.25)中,所有的内部位形能都加到截止距离为止,尾部修正可以取

$$U_{\mathrm{c}} = 2\pi\rho \int_{r_{\mathrm{c}}}^\infty u(r) g(r) r^2 \,\mathrm{d}r \tag{3.28}$$

在模拟中也可以不取 $g(r)$ 为算出的值,而是假设对关联函数恒等于 1,如

果截止距离 r_c 不是取得太小,这一近似带来的误差就不大。

其他的量也需要进行尾部修正,在此以压强的计算作为例子,这时位力(virial)状态方程成立

$$P = \rho_B^k T - \frac{\rho^2}{6} \int_0^\infty g(r) \frac{\partial u}{\partial r} 4\pi r^3 \mathrm{d}r$$

至于势能的计算,把积分分成两项,一项是由相互作用力程之内的贡献引起的,一项是对位势截断的修正项

$$P = \rho_B^k T - \overline{\frac{\rho}{6N} \sum_{i<j} r_{ij} \frac{\partial u}{\partial r_{ij}}} + P_C$$

长程修正项为

$$P_C = \frac{\rho^2}{6} \int_{r_c}^\infty g(r) \frac{\partial u}{\partial r} 4\pi r^3 \mathrm{d}r \tag{3.29}$$

在下文中将阐述修正项对不同的物理量的重要程度。

3.1.4　计算机模拟

分子系统的计算机模拟过程可以分为 3 个阶段:① 初始化阶段;② 趋衡阶段;③ 投产阶段。

模拟过程的第一阶段是规定初始条件,不同的算法要求不同的初始条件。一种算法可能需要两组坐标,一组是零时刻的,一组是更往前的时间步的。在此暂且假定需要一组坐标和一组速度来启动一个算法,立即会遇到的问题是,初始条件一般是未知的,实际上,这正是统计力学处理方法的出发点。就计算机模拟方法来说,有几种规定初始条件的方法,为了确定起见,可令初始位置在格子的格点上,而初始速度则从玻耳兹曼分布得出,精确选择初始条件是没有意义的,因为系统将丧失对初始状态的全部记忆。

按上述办法建立的系统也许不会具有所需要的能量,而且,这个状态并不对应于一个平衡态。为了推动系统到达平衡,需要一个趋衡阶段。在这个阶段中,可增加或从系统中移走能量,直到能量到达所要的数值为止,增加或移走能量的方法可以是逐步增大或减小动能,然后,对运动方程向前积分若干时间步,使系统弛豫到平衡态,如果系统持续给出确定的平均动能和平均势能的数值,就认为平衡已经建立。

在前两个阶段中会遇到两个潜在的问题,一个问题与系统的弛豫时间有关。基本时间步长 h 决定了模拟的实际时间,如果内禀的弛豫时间很长,那么需要经过很多时间步长系统才能到达平衡,就计算机的现行速度而言,有些系统所需的时间步长可能多得令人无法接受。但是在某些情况下,有可能通过对变量进行适当的标度来克服这个困难。在二级相变点附近的系统用这种方法

就是可行的实例。

与弛豫时间有关,还存在着系统陷入一个亚稳态的可能性,长寿命的亚稳态可能并不表现出动能或势能的明显漂移,特别是对于在两相(如液相和气相)共存线附近的系统,会出现这种危险。

第二个潜在的问题是,系统初始时可能是位于被研究的那一部分相空间之外。这个问题可以通过使用不同的初始条件和不同的时间长度进行模拟来处理。物理量的实际计算是在投产阶段完成,沿着系统在相空间中的轨道计算一切感兴趣的量。

3.2 分子动力学方法在材料科学中的应用

3.2.1 高分子链动力学模拟

1. 正癸烷热裂解的分子动力学模拟

针对烃类裂解后的碎片有可能发生重组的特点,殷开梁等人[11]对通常采用的简单力场进行了修正,提出了 CHEN - YIN 修正力场,并应用该力场对简化后的一种气态和两种液态的正癸烷系统的热裂解进行了分子动力学模拟。

首先,将直链烷烃模型进行简化,两端的甲基($-CH_4$)及中间的亚甲基($-CH_3$)可以视为质量均为 14 个原子单位的等同碳粒子,即暂不考虑氢原子之间及氢与碳之间的作用。

应用 CHEN - YIN 修正力场,以正癸烷作为研究对象,设系统中含有 100 个该分子。则系统中共有 1 000 个碳粒子,选取 3 种不同的系统——液态Ⅰ和液态Ⅱ(压力较高)及气态Ⅲ(压力较低)。系统Ⅰ的温度设定为 900 K,系统Ⅱ、系统Ⅲ的温度设定为 1 000 K。所有的系统在 300 K 下先进行预平衡,此时所用的力场为 Toxvaerd 提出的简单力场。待系统平衡后,用 CHEN - YIN 修正力场代替原有力场,继续运行至新的平衡位置,然后将温度增加 100 K。在每一个温度下,用通常的 MD 模拟将系统运行至平衡态,然后再用常温 MD 模拟继续运行。对系统Ⅰ、系统Ⅱ、系统Ⅲ的运行时间分别为 100 ps、90 ps、15 ps。在所有的 MD 模拟中,积分的每一步(time step)设定为 1 fs。在模拟中,各系统均在设定的温度下发生裂解。只考虑产物含碳粒子的数目而不考虑直链或支链,C_n 即为含 n 个碳粒子的烷烃。不同正癸烷系统的热裂解情况见表3.1。

表 3.1 不同正癸烷系统的热裂解情况

系统	相	裂解温度/K	压力	主要裂解产物
I	液相	900	高	C_5、C_4、C_6、C_7
II	液相	1 000	高	C_5、C_3、C_4、C_7
III	气相	1 000	低	C_1、C_2

由表 3.1 可看出,温度升高或压力降低,裂解位置将向链的两侧移动,与已知的直链烷烃的裂解规律完全吻合,说明模拟结果合理。系统 I、系统 II、系统 III 的热裂解速率常数估计结果分别为 0. 142 ps^{-1}、0. 144 ps^{-1}、0. 146 7 ps^{-1},可以看出裂解速率常数对系统及力场的选择并不十分敏感。

MD 模拟的结果表明:气态系统的裂解产物主要是 C_1 和 C_2,而液态系统的裂解产物则主要是 $C_4 \sim C_7$;裂解的产物和系统的密度、温度及力场有关,温度升高,压力降低,裂解位置向链的两侧移动。在试验条件下 3 种系统的热裂解速率常数大致相同,约为 0. 4 ps^{-1}。

2. 甲硫氨酸-脑啡肽的分子动力学模拟

计明娟等人[2]采用高温淬火分子动力学模拟方法研究了甲硫氨酸-脑啡肽(met – enkephalin)在真空中的构象性质,如图 3.1 所示,经聚类分析和能量优化得到了 13 个低能构象,并与吗啡进行了空间拟合。

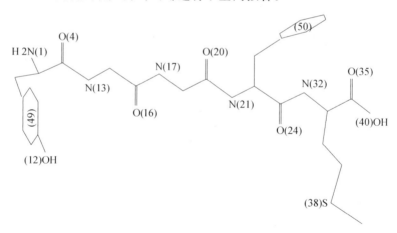

图 3.1 伸展的甲硫氨酸-脑啡肽结构和编号

按图 3.1 所示的序列构造出甲硫氨酸-脑啡肽(Tyr – Gly – Gly. Phe. Met)分子并进行初始的优化,然后以每 0.1 ps 增加 10 K 温度进行动力学运算。在 800 K 下进行高温淬火分子动力学(quenched molecular dynamics,QMD)模拟计算。平衡时间为 10 ps,模拟时间为 30 ps,时间步长为 1.0 fs,取样间隔为

0.2 ps,在正则(NVT)系综下运行。对于平衡后的构象,根据其骨架(φ,Ψ)构象分布的分析,以及所有结构中每一个残基 Co—C 骨架片段之间均方根(rms)偏差不同性的计算结果产生 5 个等级。将均方根偏差最小间隔(0.1 nm≤rms≤0.2 nm)的结构分成 13 个簇,在每个簇中选取最低能量构象作为此簇代表,最后将 13 个所选结构中的每一个结构利用最陡下降法和共轭梯度法分别运行 1 000 步进行完全的能量优化。直至 rms 能量偏差小于 0.004 kJ·mol 而收敛,进一步用 MOPAC 程序中的 AM1 计算,然后将优化后的 13 个构象与吗啡进行空间拟合。

　　从 13 个构象簇中分别选取的 13 个低能构象,经完全优化后,得到 13 个低能构象的三维结构,如图 3.2 所示。

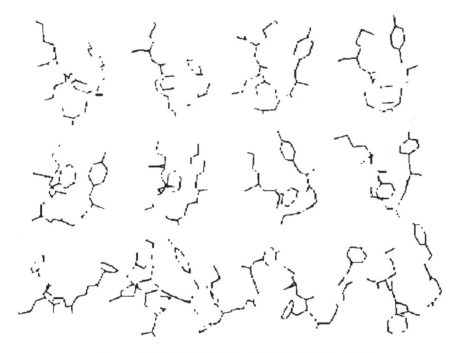

图 3.2　经 QMD 模拟所得的 13 个低能构象的三维结构

　　模拟结果表明,甲硫氨酸-脑啡肽是一种构象柔性大的多肽分子,可具有多种构象,主要为 Gly2 - Gly3 和 Gly3 - Phe4 之间的 β 折叠形式。大多数的结构具有由氢键连接两个末端残基所形成的假大环,侧链和芳香环定位在假大环的同侧。酪氨酸残基中的氨基 N 相当于吗啡中哌啶环上的季胺 N,酪氨酸残基中的酚环相当于吗啡中的酚环,苯丙氨酸残基中的芳香环相当于吗啡中环己烯环,此多肽与吗啡在空间结构(药效基团)上非常相似,都满足阿片受体的要求。所以,它们可作用于同一受体。

3. 寡聚物在高分子母体中的扩散

小分子物种在弹性高分子材料中的扩散作为一种重要的动力学现象而被广泛地研究。在大部分高分子形成的橡胶状体系中,化学动力学控制的聚合反应依赖于扩散,而终止反应受扩散控制。分子动力学模拟在研究小物种在高分子中的扩散方面是一个很有力的工具。

通常高分子聚合反应得到的高分子的聚合度在 100～1 000。在聚合反应的终止过程中,聚合度为 1～20 的寡聚物具有重要作用。因而对终止反应速率进行理解和建模需要不同聚合度的自由基在高分子中不同质量分数情况下扩散系数的知识。通常高分子聚合反应是在三组分(高分子/溶剂/寡聚物)体系中进行的,但大多数高分子是在橡胶状体系中形成的,所以寡聚物物种在高分子母体中的扩散尤为重要。Griffiths 等人通过试验测得了不同聚合度的寡聚物在三组分体系中的未溶剂化区域(橡胶状体系中的高分子母体)中的扩散系数。

为得到不同聚合度寡聚物的扩散系数,于坤千等人[3]基于 Griffiths 等人的试验,进行了一系列全原子模型的 MD 模拟来研究甲基丙烯酸甲酯寡聚物(从单聚体到十聚体)在聚甲基丙烯酸甲酯母体中的扩散。

首先建立分子动力学模型,用 100 个含有显式氢原子的无定形高分子单链的三维周期结构作为聚甲基丙烯酸甲酯橡胶状高分子母体的模型。高分子链的二面角分布采用随机旋转异构态方法随机给定,构建的甲基丙烯酸甲酯寡聚物(从单聚体到十聚体)被随机放入聚甲基丙烯酸甲酯的母体中,起始密度设定为 0.9 g/cm^3。每个体系包括高分子链和寡聚物分子。另外采用全原子模型表示亚甲基基团或甲基基团。

接下来将模型进行电荷平衡和能量优化,以消除模型建构中形成的局部不平衡。电荷平衡和能量优化重复进行直到电荷和能量都达到收敛为止。采用热力学场对模型进行等温等压系综 MD 模拟。体系的热力学温度通过 Hoover 方法保持在 298 K 的目标温度,外压设定为 10^5 Pa,热浴弛豫时间为 0.1 ps,采样开始前,进行 100 ps 的退火分子动力学模拟,以保证体系达到平衡,然后进行 300～400 ps 的 MD 模拟,以获取寡聚物在高分子母体中的扩散系数,在整个模拟过程中,积分的时间步长为 0.001 ps,范德瓦耳斯切断半径为 0.9 nm。

通过模拟发现,当寡聚物的聚合度增加时,由单聚体到三聚体的扩散系数迅速减小,而从四聚体到十聚体的扩散系数几乎保持不变。这与 Griffiths 等人的试验结果一致。模拟试验过程中得到了一些相关参量随步长的变化趋势,如图3.3所示。

4. 表面上的聚乙烯分子链的聚集和有序化

韩铭等人[4]利用 MD 模拟方法研究了锚定于二维无限大表面上的聚乙烯

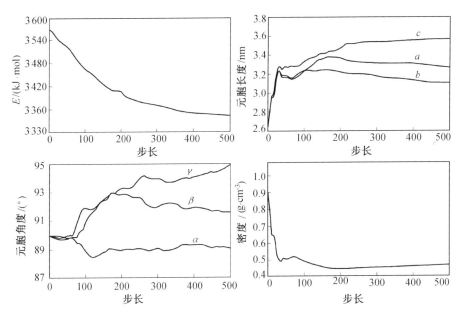

图 3.3　在电荷平衡和能量优化过程中一些参量随步长的变化关系

分子链的聚集和有序化过程,聚乙烯链与表面的相互作用采用一个以平面法向距离为函数的势能表达式 $S(z)$,以均方回转半径垂直于表面的分量 $S_\perp^2$ 作为指标,考察了模拟过程中表面势能函数的强度效应和模拟体系的温度效应,研究了锚定聚乙烯在表面上聚集的有序化过程,考察了锚定聚乙烯链的聚集成核的动力学过程、聚集体的形貌及分子量依赖性。

以固定链长的全反式伸直聚乙烯链为模型,将分子摆放到平行于底面距离底面 0.3 nm 的平面上,使起始构象与表面的相互作用能最小,同时将链的一个末端锚定,把亚甲基(—CH$_2$)近似处理为一个"组合原子"以简化计算。3 种模型链分别包含 1 000、2 000 和 4 000 个亚甲基单元,以模拟不同链长的高分子。在模拟中采用的势能函数为

$$E_{tot} = E_{bond} + E_{angle} + E_{torsion} + E_{vdw} + E_{sur} = \sum_{i=2}^{n} \frac{1}{2} k_d [d_i - d_0]^2 + \sum_{i=3}^{n} \frac{1}{2} k_\theta [\theta_i - \theta_0]^2 +$$

$$\sum_{i=4}^{n} \frac{1}{2} k_\Phi [1 - \cos(3\Phi_i)]^2 + \sum_{i=1}^{n-4} \sum_{i=i+3}^{n} \left[\left(\frac{\sigma}{r_{ij}} \right)^{12} - 2 \left(\frac{\sigma}{r_{ij}} \right)^{6} \right] + S(z)$$

式中,E_{bond}、E_{angle}、$E_{torsion}$、E_{vdw} 和 E_{sur} 分别为键伸缩能、键角弯曲能、扭转能、范得瓦耳斯能和表面能;d_0 为平衡键长;d_i 为原子 $i-1$ 和原子 i 之间的键长;θ_0 为平衡键角;θ_i 为键 $(i-2, i-1)$ 与键 $(i-1, i)$ 之间的键角;Φ_i 为平面 $(i-3, i-2, i-1)$ 与平面 $(i-2, i-1, i)$ 间的二面角;r_{ij} 为原子 i 与原子 j 之间的距离。势能截断值(cutoff)为 1.3 nm。

另外,聚乙烯链与表面的相互作用用表面势能函数 $S(z)$ 表达,其中 z 为探测原子在空间中的 z 轴坐标。

模拟过程中采用正则系综,平衡温度分别设定为 300 K、400 K、500 K 和 600 K,应用 Nosé-Hoover 温度校正法,见本章参考文献[5]。热浴松弛常数为 0.4 ps。用速度-Verlet 算法[6]积分牛顿运动方程,积分步长为 0.001 ps。链长为 1 000 和 2 000 模型的模拟时间为 5 ns,链长为 4 000 的模拟时间为 4 ns。初始分配速度时动量和角动量分别校正为 0,通过计算平行与垂直表面的均方回转半径分量来表征高分子形貌和它的各向异性。

计算机试验次数共为(4×3=12)次,对所得到的 12 个轨迹文件进行分析。当固定表面为 $S_3(z)$ 时,温度升高,聚集体的厚度增加,沿表面链层数在 300 K、400 K、500 K 和 600 K 下分别为 4、4、5 和 6。当增加表面相互作用时,在 $S_2(z)$ 时,在 300 K、400 K、500 K 和 600 K 时层数分别为 2、3、3 和 3,而当选择 $S_1(z)$ 时在所考察的 4 个温度下都呈现单层吸附,即 S_2 接近于 0。另外,温度为 300 K、表面势能函数选作 $S_3(z)$ 时,锚定聚乙烯链的有序化过程如图 3.4 所示。

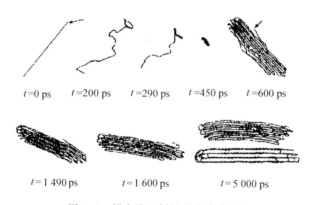

$t=0$ ps　　　$t=200$ ps　　　$t=290$ ps　　　$t=450$ ps　　　$t=600$ ps

$t=1\ 490$ ps　　　　$t=1\ 600$ ps　　　　$t=5\ 000$ ps

图 3.4　锚定聚乙烯链的有序化过程

3.2.2　脆性断裂模拟

1. 单晶铜弯曲裂纹的产生和扩展

为了研究在微观尺度上单晶铜弯曲裂纹的产生和扩展机理,单德彬等人[7]建立了单晶铜弯曲变形的 MD 模型,应用速度标定法控制温度,采用 Morse 势进行了单晶铜弯曲变形的 MD 模拟。单晶铜弯曲裂纹的产生和扩展可以采用两种二维 MD 模型,如图 3.5 和图 3.6 所示。

以上模拟晶面是(100)晶面,原子位置按理想点阵排列。原子运动按牛顿

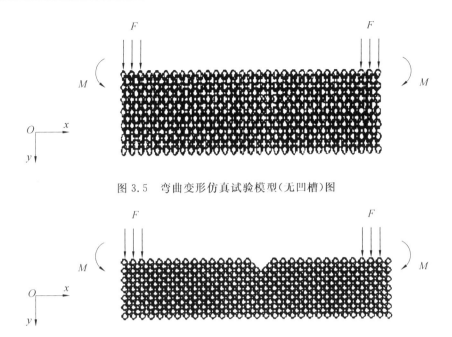

图 3.5　弯曲变形仿真试验模型(无凹槽)图

图 3.6　弯曲变形仿真试验模型(有凹槽)图

原子处理,牛顿原子的作用由 Morse 势函数计算。仿真实施后分别在模型的
左右两端 3 列原子上施加向下的位移,同时施加弯矩(M)。计算采用
速度-Verlet算法 。原子的初始位置设在 fcc 晶体的晶格上,原子的初始速度
可利用 Maxwell 分布确定,也可直接置为 0。温度控制采用速度标定法控制在
绝对零度,以避免原子热激活的复杂影响。图 3.7 和图 3.8 所示是铜单晶体
(100)晶面无凹槽和有凹槽模型弯曲变形的仿真试验图。

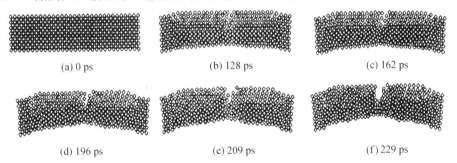

(a) 0 ps　　　　　　(b) 128 ps　　　　　　(c) 162 ps

(d) 196 ps　　　　　　(e) 209 ps　　　　　　(f) 229 ps

图 3.7　铜单晶体(100)晶面无凹槽模型弯曲变形的仿真试验图

由图 3.7 发现,在位移和弯矩的作用下,个别原子间间隙的不断增大和应
变能的不断积累最终使晶体内部出现空位,在 128 ps 已经能很明显地看到空

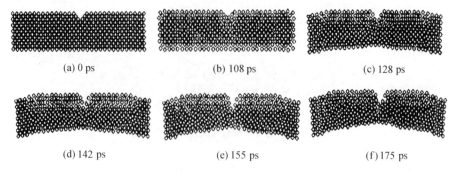

(a) 0 ps　　　　　　　(b) 108 ps　　　　　　(c) 128 ps

(d) 142 ps　　　　　　(e) 155 ps　　　　　　(f) 175 ps

图 3.8　铜单晶体(100)晶面有凹槽模型弯曲变形的仿真试验图

位,这些空位位于模型中部,空位的不断合并产生裂纹,微观裂纹的顶端又形成空位,随着时间步长的推移,塑性变形加剧,裂纹逐渐产生和扩展,发展成为贯穿模型的裂纹,微观裂纹在裂纹顶端形核而造成主裂纹的连续扩展,裂尖向下萌生,后续微观裂纹的扩展类似于宏观裂纹扩展。与无凹槽模型相比,图 3.8 所示有凹槽模型的裂纹产生和扩展的时间明显缩短,表明裂纹缺陷对断裂过程起促进作用。

研究结果表明:应变能的不断积累使晶体内部产生空位,材料的裂纹产生于空位,空位的合并形成纳米级裂纹,后续微观裂纹的扩展类似于宏观裂纹;裂纹缺陷促进了裂纹的产生和扩展。无凹槽模型和有凹槽模型裂纹产生和扩展的时间步长的对比研究表明,裂纹缺陷对断裂过程起促进作用。

2. 铁中裂纹扩展的结构演化

吴映飞[8]用 MD 方法研究了 bcc - Fe 中Ⅰ型裂纹在应力及温度场下裂尖区的结构演化问题。

基于各向同性线弹性连续介质力学,采用 Finnis - Sinclair(F - S)势,给出了 MD 模型。构造裂纹的几何结构示意图如图 3.9 所示。

裂纹前沿沿[101]方向,裂纹面垂直于[010]方向,裂纹扩展沿[10$\bar{1}$]方向。加载通过增加应力强度因子(K_1)实现,K_1 由临界应力强度因子 K_{IC} 度量。

基于各向同性线弹性力学的平面应变条件得到初始裂纹,然后进行两组模拟。

(1)模拟选取初始温度 $T = 5$ K、应力强度因子 $K_1 = 1.0$ K_{IC},设在所对应的外载下存在初始裂纹,随后温度增加到 100 K、300 K 和 500 K,外载增加到 $K_1 = 2.8$ K_{IC}。在这组模拟中,显示出堆垛层错,裂纹形状尖锐,且扩展速度较快。

(2)模拟选取初始温度 $T = 100$ K,应力场条件同第一组,温度加到 300 K 和 500 K,外载加到 $K_1 = 2.8K_{IC}$。在这组模拟中,显示出了堆垛层错、位错发

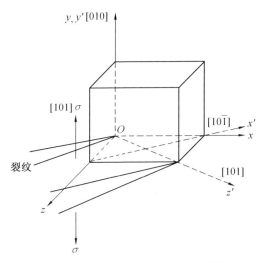

图 3.9　构造裂纹的几何结构示意图

射、裂尖钝化和分枝以及孪晶带,该组裂纹的扩展速度慢于第(1)组。如图3.10
和图 3.11 所示。

　　模拟结果表明:在裂纹扩展过程中,裂尖区结构演化与初始裂纹的工作条
件相关,并且依赖于温度与外载的协同作用。在相同条件下裂纹周围局域原子
的能量也受初始裂纹的工作条件影响。

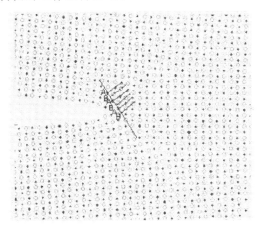

图 3.10　低温下裂尖区原子的 ABAB 型堆垛层错
$(T=5\ \mathrm{K}, K_1=1.8\ K_{\mathrm{IC}})$

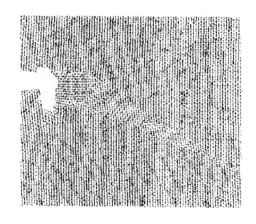

图 3.11　K_1 达到 $1.8K_{IC}$ 后裂尖区出现了孪晶带
（$T=100$ K，$K_1=2.5K_{IC}$）

3. 纳米级半导体材料单向拉伸模拟

R. Komanduri 等人[9] 应用 MD 法在纳观尺度上对两种半导体材料 Si 和 Ge 进行了单向拉伸模拟试验，Si 原子之间和 Ge 原子之间的作用势采用了 Tersoff 能量计算模型，并基于此模型进行了动力学模拟，且依据模拟试验结果对材料的机械性能及变形特点进行了研究。

原子之间的配位函数可以表示为

$$E = \frac{1}{2} \sum_{i \neq j} W_{ij}$$

式中，W_{ij} 为所有原子之间的键能；i 和 j 分别表示两个原子。

$$W_{ij} = f_c(r_{ij})[f_R(r_{ij}) + b_{ij}f_A(r_{ij})]$$

式中，r_{ij} 表示原子间的距离；f_R 和 f_A 分别是描述原子 i 和 j 之间斥力和引力的函数；f_c 可以看作一个截断函数，当原子间距离 r_{ij} 接近截断半径时，f_c 的值逐渐减小 。

图 3.12 所示是真实拉伸试样，图 3.13 是应用 MD 模拟的拉伸试样，试样包括的原子分为 3 部分。如图 3.14 所示，试样的受载方向为[001]方向，且表面原子不受载荷的影响。图 3.15 所示为在不同加载率情况下试样的应用—应变图。

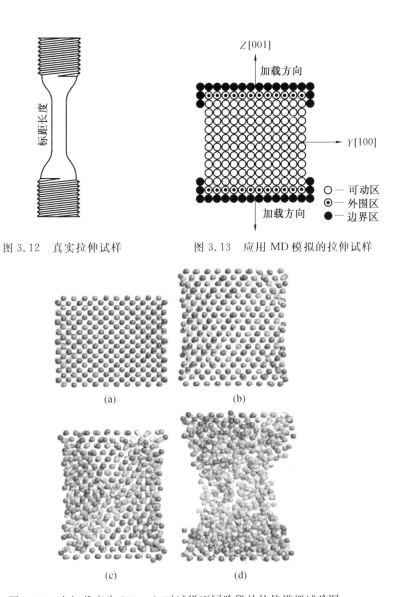

图 3.12　真实拉伸试样　　　图 3.13　应用 MD 模拟的拉伸试样

(a)　　　　　　　　(b)

(c)　　　　　　　　(d)

图 3.14　在加载率为 500 m/s 时试样不同阶段的拉伸模拟试验图

由模拟结果可以得出,在试验过程中,两种材料最初都表现出弹性特征,接下来达到最大极限拉伸强度时则产生塑性变形。如果进一步加载,工程应力就会骤减,从而可能会造成材料失效。另外,在试验过程中还发现,两种材料的最终断裂应力和应变都随加载速率的减小而减小,且加载率对断裂应变的影响比

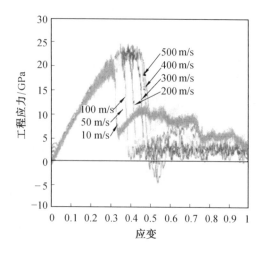

图 3.15　在不同加载率情况下试样的应力-应变图

较显著,但对极限拉伸强度的影响并不大。测得的 Si(硅)和 Ge(锗)的弹性模量分别是 130 GPa 和 103 GPa,这也与相关文献试验测得的数值相近。

4. 单晶镍纳米薄膜受单向拉伸破坏过程

黄丹等人[10]应用 MD 方法模拟了单晶镍纳米薄膜受单向拉伸破坏的过程,得出了纳米尺度单晶镍薄膜的应力-应变关系、能量演化曲线和镍薄膜构型的变化及微损伤的形成和扩展过程。模拟采用原子镶嵌势描述原子间作用,得到了镍单晶薄膜的弹性模量,分析了拉伸过程中系统原子能量、应力变化和外荷载的关系。

本研究采用 Voter 等人[11]根据镶嵌原子法提出的 Ni(镍)的多体势函数。设原子总势能为

$$E_{\text{total}} = \sum_i \left[\frac{1}{2} \sum_j \phi(r_{ij}) + F(\rho_i) \right]$$

式中,$\phi(r_{ij})$ 为相距 r_{ij} 的原子 i 和原子 j 之间的中心对势;$F(\rho_i)$ 为到电子云 ρ_i 的原子镶嵌能;ρ_i 为原子 i 处的电子云密度。

另外,对动力学方程的求解通过 Verlet 算法[12]的速度形式[13]计算积分。

单晶镍薄膜的原子模型如图 3.16 所示。晶向采用规则晶格尺寸,为使纳米薄膜视觉上形象化,取 $6 \times 20 \times 20$ 个晶胞,共 9 600 个原子,模型原始尺寸为 2.112 nm$\times$7.04 nm$\times$7.04 nm。在模拟中长度单位为 Ni 的晶格常数 $a_0 = 0.352$ nm,根据系统能量的稳定测试,分子动力学模拟的时间步长定为 $t_0 = 3.5 \times 10^{-15}$ s,能量单位为 $E_0 = 10^{-19}$ J。将 x 方向的边界控制为自由表面,在 y、z 方向上施加周期性边界条件,使原子模型呈单晶薄膜结构,将系统温度初始化为绝对零度,并在模拟中保持等温,避免原子热激活。

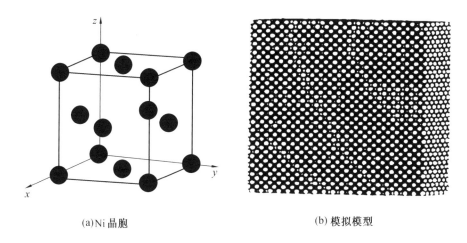

(a)Ni晶胞　　　　　　　　(b) 模拟模型

图 3.16　单品镍薄膜的原子模型

在模拟过程中,首先对单晶模型原子弛豫 20 000 步,使系统有充分时间达到能量最低的稳定状态,沿 z 方向施加平面拉伸应变 0.005,进行分子动力学模拟迭代 10 000 步,时间为 3.5×10^{-11} s,然后弛豫 20 000 步,使系统回到平衡态。再增加拉伸应变 0.005,重复此"施加应变-MD 模拟-弛豫"过程,使模型原子处于准静态拉伸受力状态。保持在一个大气压,持续静态加载模拟至薄膜中出现原子空位时,降低施加荷载速率,将应变增幅改为 0.001,重复上述过程,最后薄膜局部破坏,破坏处和薄膜表面由于大量原子摆脱系统的作用而离开模拟空间。

模拟结果表明,纳米薄膜的自由表面影响拉伸过程中原子的运动和薄膜整体力学性能,纳米薄膜破坏的几何特征是原子空位的连接和晶胞缺陷的扩展;单品的断裂接近脆性断裂,模拟得到纳米薄膜的断裂强度符合 Griffith 脆性断裂的能量平衡理论。

纳米薄膜 $x-y$ 截面后的原子排列如图 3.17 所示。

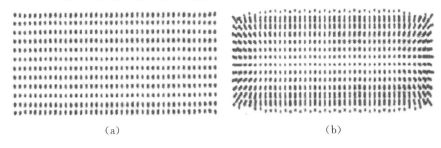

(a)　　　　　　　　　　　(b)

图 3.17　纳米薄膜 $x-y$ 截面的原子排列

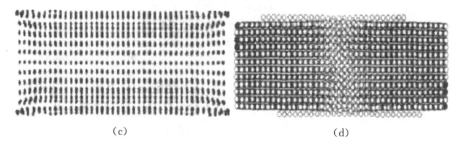

(c)   (d)

续图 3.17

3.2.3 位错与晶界相互作用的模拟

1. 循环载荷下的裂纹扩展

为了揭示疲劳裂纹的本质，K. Nishimura 等人[14]采用 MD 方法对材料为 α - Fe的一个具有一百万个原子的系统进行模拟，从而阐明了在循环载荷作用下材料的断裂行为，其中包括塑性变形与晶界的关系。这里的晶界具有最低的晶界能，而系统则是由一个裂纹和两个晶界组成，基于动力学模拟的结果，提出了疲劳断裂初始相的裂纹生长机制。

首先利用 Johnson 公式[15]计算出 α - Fe 中相邻原子之间的作用力（即二体势），它是一种邻近两原子之间距离的函数，即

$$\Phi(r_{ij}) = -c_1(r_{ij} - c_2)^3 + c_3 r_{ij} - c_4 \tag{3.30}$$

式中，r_{ij} 为 i 原子与 j 原子间的距离；$c_1 \sim c_4$ 为常数。

进一步得到原子的能量随密度变化的曲线，如图3.18所示，由图3.18不难看出，低密度时密排 hcp（六方结构）更加稳定，而高密度时，bcc（体心立方结构）更加稳定。

图 3.19 为系统 MD 模拟的示意图，在图中两个垂直面为自由界面，沿着上部水平面大致分布 4 个原子面，裂纹位于 xz 面上，承受沿 y 方向的载荷，裂纹长大约为 $20a$（a 为点阵常数）。在 x、y 方向裂纹长约为 $200a$ 和 $600a$，晶界如图中所示，系统中大约有 100 万个原子，它们服从 Maxwell 分布。

之后对系统进行循环加载，每一个循环周期包括 20 万个时间段，每个循环大约为 2.272 ns，循环开始先加载到 6% 应变，再卸载到 0，如此循环 12 个周期。将系统物理空间分成 200 个时间段和 200 块，利用式（3.31）可以计算出每一个块沿 α 面和 β 方向的应力张量 $\sigma_{\alpha\beta}$，即

$$\sigma_{\alpha\beta} = \frac{1}{V_b}\sum_i^{N_b} m_i v_i^\alpha v_i^\beta - \frac{1}{2V_b}\sum_i^{N_b}\sum_{j(j\neq i)}^{N_b}\frac{\partial \Phi(r_{ij})}{\partial r_{ij}}\frac{r_{ij}^\alpha r_{ij}^\beta}{r_{ij}} \tag{3.31}$$

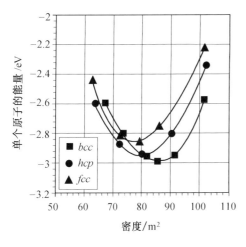

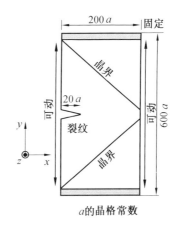

图 3.18　单个原子的能量曲线　　图 3.19　系统 MD 模拟的示意图

式中,V_b 为每块的体积;N_b 为每块中的原子数;m_i 为 i 原子的质量;v_i^α、v_i^β 为 i 原子的速度矢量常数;r_{ij}^α、r_{ij}^β 为每块 i 与 j 两原子间的矢量距离。研究中将能量最低的面〈110〉、{112} 作为晶界面。

　　疲劳加载过程中位错与晶界的相互作用如图 3.20 所示,在此过程中存在着 hcp 向 bcc 的相变。图 3.20(a) 表示的是由于相变区的收缩所引起的位错的迁移;图 3.20(b) 为当位错迁移到晶界时,被晶界吸收;图 3.20(c) 为位错的进一步迁移;图 3.20(d) 为最终形成刃型位错墙。这一系列变化(包括相变)是由加载中密度的增加所导致的,因为在高密度下 bcc 更稳定,当然卸载与之相反,将发生逆相变,位错墙会消失,这样的反复导致了空位的产生,如图 3.21 所示。

2. 表面效应对于晶界附近原子迁移的影响

　　K. Saitoh 等人[16]采用 MD 方法对微电子器件中铝芯丝材内晶界附近原子的迁移进行了分析。该模拟是基于 EMT 理论建立的模型,这一理论结合了大量电子浓度的体效应,可以验证出更加准确的晶界或表面处原子结构的研究结果。

　　主要工作分为两部分,即晶界附近扩散性能的模拟和晶界附近原子的重新排列。它的算法是对 MD 时间段(2.0 fs)和运动方程的积分,在该模型中,将 $\sum = 5(100)$ 的晶界和自由表面分别设定为 xz 面和 yz 面。

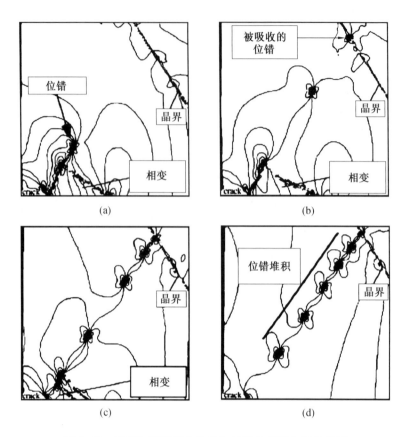

图 3.20　疲劳加载过程中位错与晶界的相互作用示意图

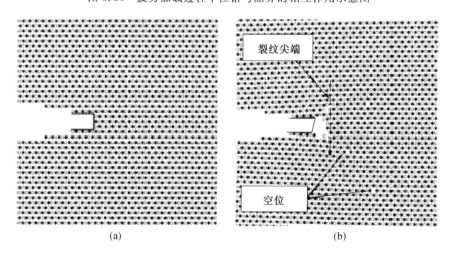

图 3.21　12 个循环周期前后的裂纹尖端示意图

扩散系数 D 可以利用图 3.22 所示的模型来进行模拟,并且可以用 MSD (multiple site damage)理论进行计算,其表达式为

$$D = \frac{1}{6t}\langle r^2(t)\rangle \tag{3.32}$$

其中,位移 $r(t)$ 可以通过 0.40 ns 的 MD 模拟来获得。在模拟过程中将原子划分到 4 个区域中,它们分别为交界区(C)、表面区(S)、晶界区(G)、基体区(B),如图 3.22 所示。

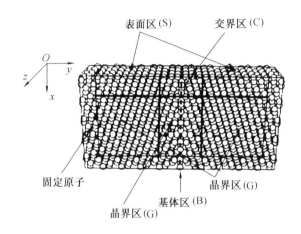

图 3.22　扩散性能研究中的原子模型

另外扩散系数 D 利用阿伦尼乌斯方程求得:

$$D = D_0 \exp(-\frac{Q}{k_B T}) \tag{3.33}$$

式中,D_0 为常数;Q 为激活能;k_B 为玻耳兹曼常数;T 为各区域的平均温度;C 区激活能大约是 B 区的 1/3。

自由表面、晶界、交界处存在着很高的原子迁移率,同时在这些区域中,也时常产生滑移,这也会引起丝材的失效。在显微结构的变化中,原子结构会发生快速的重排。由于在拉应力下,晶界处原子结构的重排受到大致 3 种不同的约束,从而将模型分为 3 种,如图 3.23 所示。

模型 A 中表面被原子位移可以控制的区域所覆盖,模型 B 中晶界形成于界面处,模型 C 中晶界与自由表面相连。原子结构的重排主要是由于面心立方结构中{111}面上的滑移所致。相对的滑移矢量公式为

$$u_{ij} = (r_i(t) - r_j(t)) - (r_i(t_0) - r_j(t_0)) \tag{3.34}$$

式中,r_i 和 r_j 表示为 i、j 两原子的位置矢量;$r_i(t_0)$、$r_j(t_0)$ 表示为与应变无关的矢量。

而原子的位移可以从最邻近原子的 $|u_{ij}|$ 的求和来得到,即

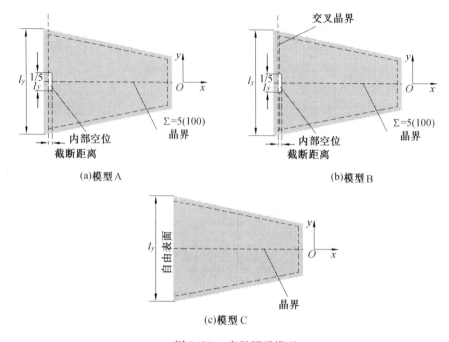

图 3.23　交界原子模型

$$s_i = \sum_{j}^{\text{neighbor}} |u_{ij}| \qquad (3.35)$$

当滑移在⟨111⟩面上进行时，s_i 为 $3b$（b 代表柏氏矢量）。

模拟结果表明：

①交界区域的扩散系数是最大的并且其自由能是基体的 1/3。

②滑移是面心立方结构中原子迁移的典型机制，并且自由表面和晶界可以加速滑移的发生。

③当交界处存在比较强烈的变形约束时，原子的理想重排会受到抑制。

本章参考文献

[1] 殷开梁，邹国英，陈正隆.正癸烷热裂解的分子动力学模拟研究[J].石油学报(石油加工)，2001,17(3):77-82.

[2] 计明娟，叶学其，杨鹏程.甲硫氨酸-脑啡肽的分子动力学模拟[J].物理化学学报，1999,15(11):1011-1016.

[3] 于坤千，李泽生，李志儒，等.寡聚物在高分子母体中的扩散——分子动力学模拟研究[J].高等学校化学学报，2002,23(7):1327-1330.

[4] 韩铭，李霆，杨小震.表面上锚定聚乙烯链聚集的分子动力学模拟[J].高等学校化学学报，2005,26(5):960-963.

[5] HOOVER W G. Canonical dynamics：eguilibrium phase-space distributions[J]. Phys. Rev. A，1985(31)：1 695-1 697.

[6] SWOPE W C，ANDERSEN H C. A computer simulation method for the calculation of equilibrium constants for the formation of physical clusters of molecules：application to small water clusters[J]. Chem. Phys. ，1982(76)：637-649.

[7] 单德彬，袁林，郭斌. 单晶铜弯曲裂纹萌生和扩展的分子动力学模拟[J]. 哈尔滨工业大学学报，2003,35(10):1183-1185.

[8] 吴映飞，王崇愚，郭雅芳. 体心立方铁中裂纹扩展的结构演化研究[J]. 自然科学进展，2005,15(2):206-211.

[9] KOMANDURI R, CHANDRASEKARAN N,RAFF L M. Molecular dynamic simulations of uniaxial tension at nanoscale of semiconductor materials for micro-electromechanical systems (MEMS) applications[J]. Materials Science and Engineering,2003 (A340): 58-67.

[10] 黄丹，陶伟明，郭乙木. 单晶镍纳米薄膜单向拉伸破坏的分子动力学模拟[J]. 中国有色金属学报，2004,14(11):1 850-1 855.

[11] VOTER A F, CHEN S P. Accurate interatomic potentials for Ni, Al, and Ni₃Al [J]. Materials Research Society Symposium Proceeding, 1987, 82: 175-180. Materials, 1997(9):481-484.

[12] ALLEN M P, TILDESLEY D J. Computer Simulation of Liquids[M]. Oxford：Clarendon Press，1987.

[13] 梁海弋，王秀喜，吴恒安，等. 纳米铜丝尺寸效应的分子动力学模拟[J]. 力学学报，2002,34(2):208-215.

[14] NISHIMURA K, MIYAZAKI N. Molecular dynamics simulation of crack growth under cyclic loading[J]. Computational Materials Science,2004(31):269-278.

[15] JOHNSON R A. Interstitials and vacancies in a iron[J]. Phys. Rev. , 1964(A134): 1 329.

[16] SAITOH K,KITAGAWA H. Molecular dynamics study of surface effects on atomic migration near aluminum grain boundary[J]. Computational Materials Science,1999, 14(13):13-18.

第4章　元胞自动机方法

4.1　基本原理

元胞自动机(cellular automata, CA)也被称为细胞自动机、点格自动机、分子自动机或单元自动机是一种建立在离散的时间和空间上的动力系统。散布在规则格网 (lattice grid)中的每一元胞(cell)取有限的离散状态,遵循同样的作用规则,依据确定的局部规则做同步更新。大量元胞通过简单的相互作用而构成动态系统的演化。与一般的动力学模型不同,元胞自动机不是由严格定义的物理方程或函数确定,而是由一系列模型构造的规则构成。凡是满足这些规则的模型都可以算作是元胞自动机模型。因此,元胞自动机是一类模型的总称,或者说是一个方法框架。其特点是时间、空间、状态都是离散的,每个变量只取有限个状态,且其状态改变的规则在时间和空间上都是局部的。

元胞自动机是一种对具有局域连通性的格点,应用局部(有时为中等范围)确定性或概率性的转换规则来描述在离散空间和时间上复杂系统演化规律的同步算法。

元胞自动机的概念是由 von Neumann[1]和 Ulam[2]于 20 世纪 40 年代末在对自重复图灵(turing)自动机和粒子数演化问题的模拟时引入的。在他们的开创性工作中,第一次在元胞空间描述这种算法。其他人是用了象棋盘格形自动机(tessellation automata)或重复排列等概念。早期的应用主要集中于流体动力学和反应扩散系统。在过去数十年,元胞自动机在微结构模拟领域获得了重大发展。

元胞自动机对与应用其中的基本实体的类型和选用的交换规则没有任何的限制,可以描述截然不同的情况,如有限差分模拟中状态变量值的分布,混合算法的问题,模糊集合的元素,或者是细胞的生长和衰减过程。例如,帕斯卡三角形可以作为一维元胞自动机,其中规则三角晶格各个格点所对应的值,可以通过其上方的两个数的和求得。在此,元胞自动机的基础实体为整数,其规则为求和。

在元胞自动机方法中的空间变量通常即表示真实的空间,但也常用于取向空间、动量空间或波矢空间。元胞自动机方法可以采用任意的维数。自动机的格点描述被认为与所选模型密切相关的基本的系统实体。独立的格点可以表示连续的体积单元、原子颗粒、大原子团、汽车、人口、晶格缺陷或者颜色，这要取决于所选的模型。每个格点的状态可以通过一个或多个广义态变量来进行描述。这些广义态变量可以是无量纲数、粒子密度、晶格缺陷量、晶体取向、粒子速度、血压、动物种类或其他模型允许的量。假定每一个状态变量的真实值代表有限个离散状态中的一个态。对于给定的晶格，自动机的初始状态在于状态变量的初始分布。

通过作用于每个格点的确定性或概率性转换规则，自动机的演化得以实施。这些规则决定了每个元胞的状态，并将其描述为其前一状态和邻近元胞的函数。在计算状态转变过程中所考虑的邻近位置的数目确定了相互作用的范围和自动机的局部演化。元胞自动机以离散时间步发展演化。每个时间间隔后，所有格点的状态值同时更新。考虑到这些特点，元胞自动机提供一种模拟复杂动态系统演化的方法。这些系统包含基于简单局域相互作用的相似组元。因此，元胞自动机有时候被认为是描述连续构型的动态系统的偏微分方程的对应物。在本章中离散的概念是指空间、时间及自动机的性能只能取有限的个数的状态。元胞自动机的基本推理不是从普遍的观点出发，即用普通微分方程描述复杂系统的演化，而是在遵循一般规则的作用要素的基础动力学的基础上对这些系统进行模拟。换句话说就是元胞自动机方法所追寻的目标是通过遵循微不足道的规则的简单个体的相互作用而呈现出动力学系统的复杂性。

在元胞自动机方法中，邻近晶格之间的局域相互作用，是通过一系列转换规则来具体描述的。虽然 von Neumann（冯·诺伊曼）的原始自动机是按照确定性转换规则设计的，但是采用概率转换规则也是可行的。某个格点的任意状态变量 ξ 在时间 $(t_0 + \Delta t)$ 时的值，由其当前状态（或最接近的几个状态如 $t_0, t_0 - \Delta t$ 等）和邻近各点的状态所决定。利用其前两个时间步的一维元胞自动机，在形式上可以表示为

$$\xi_j^{t_0 + \Delta t} = f(\xi_{j-1}^{t_0 - \Delta t}, \xi_j^{t_0 - \Delta t}, \xi_{j+1}^{t_0 - \Delta t}, \xi_{j-1}^{t_0}, \xi_j^{t_0}, \xi_{j+1}^{t_0}) \tag{4.1}$$

式中，$\xi_j^{t_0}$ 为在时间 t_0 时对应于结点 j 的态变量的值；$j+1$ 和 $j-1$ 表示格点 j 的邻近格点；f 具体指定了描述转换规则的函数。

如果结点的状态仅仅决定于其最近邻结点(nearest neighbor)的状态，这种排列成为 von Neumann 邻接。如果由最邻近结点和次邻近(next-nearest neighbor)结点同时决定该结点随后的状态，那么这种排列就称为摩尔邻接(moore neighboring)。扩展摩尔邻接与摩尔邻接等同，只不过考虑了两层邻近的元胞。Margolus(马哥勒斯)规则是确定局部邻接的另一种方法，这种方

法每次考虑一个 2×2 的元胞块。邻接元胞影响系统的转换速率和演化形态。对于扩展配置,一维情况下,考虑两个邻近时间步时的转换规则可以写为

$$\xi_j^{t_0+\Delta t} = f(\xi_{j-n}^{t_0-\Delta t}, \xi_{j-n+1}^{t_0-\Delta t}, \cdots, \xi_{j-1}^{t_0-\Delta t}, \xi_j^{t_0-\Delta t}, \xi_{j+1}^{t_0-\Delta t}, \cdots, \xi_j^{t_0}, \cdots, \xi_{j+n-1}^{t_0}, \xi_{j+n}^{t_0}) \quad (4.2)$$

式中,n 表示单位晶格元胞变换规则的作用范围。

即使对非常简单的自动机,也存在众多可行的变换规则。在具有 von Neumann 排列的一维二进制元胞自动机中,假设对于每一个时间步,每个结点处于两个可能状态中的一个,即 $\xi_j = 0$ 或 $\xi_j = 1$,转换规则采取 $\xi_j^{t_0+\Delta t} = f(\xi_{j-1}^{t_0}, \xi_j^{t_0}, \xi_{j+1}^{t_0})$ 的形式。那么这种简单的二进制配置就确定了 2^8 个可能的转变规则,其中部分如下:

$$(\xi_{j-1}^{t_0}=1, \xi_j^{t_0}=1, \xi_{j+1}^{t_0}=1) \rightarrow \xi_j^{t_0+\Delta t}=0 \qquad (1,1,1) \rightarrow 0$$
$$(\xi_{j-1}^{t_0}=1, \xi_j^{t_0}=1, \xi_{j+1}^{t_0}=0) \rightarrow \xi_j^{t_0+\Delta t}=1 \qquad (1,1,0) \rightarrow 1$$
$$(\xi_{j-1}^{t_0}=1, \xi_j^{t_0}=0, \xi_{j+1}^{t_0}=1) \rightarrow \xi_j^{t_0+\Delta t}=0 \qquad (1,0,1) \rightarrow 0$$
$$(\xi_{j-1}^{t_0}=1, \xi_j^{t_0}=0, \xi_{j+1}^{t_0}=0) \rightarrow \xi_j^{t_0+\Delta t}=1 \qquad (1,0,0) \rightarrow 1$$
$$(\xi_{j-1}^{t_0}=0, \xi_j^{t_0}=1, \xi_{j+1}^{t_0}=1) \rightarrow \xi_j^{t_0+\Delta t}=0 \qquad (0,1,1) \rightarrow 1$$
$$(\xi_{j-1}^{t_0}=0, \xi_j^{t_0}=1, \xi_{j+1}^{t_0}=0) \rightarrow \xi_j^{t_0+\Delta t}=0 \qquad (0,1,0) \rightarrow 0$$
$$(\xi_{j-1}^{t_0}=0, \xi_j^{t_0}=0, \xi_{j+1}^{t_0}=1) \rightarrow \xi_j^{t_0+\Delta t}=1 \qquad (0,0,1) \rightarrow 1$$
$$(\xi_{j-1}^{t_0}=0, \xi_j^{t_0}=0, \xi_{j+1}^{t_0}=0) \rightarrow \xi_j^{t_0+\Delta t}=0 \qquad (0,0,0) \rightarrow 0$$

采用简化方式,这种组合可以改写为

$$(1,1,1) \rightarrow 0 \qquad (0,1,1) \rightarrow 1$$
$$(1,1,0) \rightarrow 1 \qquad (0,1,0) \rightarrow 0$$
$$(1,0,1) \rightarrow 0 \qquad (0,0,1) \rightarrow 1$$
$$(1,0,0) \rightarrow 1 \qquad (0,0,0) \rightarrow 0$$

该转换规则可以以 $(01011010)_2$ 的编码形式表示。这种以数字形式表述的变换规则,只有对于相应基的特定次序才是有效的。一般选择对应于十进制的值降序排列一组数,即用下列对应形式将二进制数码转换为十进制数:

2^7	2^6	2^5	2^4	2^3	2^2	2^1	2^0
0	1	0	1	1	0	1	0

则得到对应的十进制编码为 90_{10}。在元胞自动机方法中,一般采用数字编码方式简化表述相关变换规则。

变换规则的数目可以由 $k^{(k^n)}$ 计算得到,其中 k 为元胞的状态数,n 为包含芯元胞在内的邻近元胞的数目。对于具有摩尔邻接的二维元胞自动机($n=9$),假设每个元胞具有两个可能的状态,则该系统将具有 $2^{2\cdot9} = 262\,144$ 个不同的转变规则。

如果一个结点的状态可由其邻近格点的变量值求和简单地确定,那么这种模型被称为总和元胞自动机(totalistic cellular automata)。 如果其结点的状态,由其状态自身及其邻近格点相应变量的和共同确定,这样的模型就是所谓的外总和(outer totalistic)元胞自动机。

沃尔弗拉姆基于动力学行为的差异将元胞自动机分为 4 类。

(1) 平稳型。

自任何初始状态开始,经过一定时间运行后,元胞空间趋于一个空间平稳的独一无二的构形,这里空间平稳即指每一个元胞处于固定状态,不随时间变化而变化。

(2) 周期型。

产生周期性重复的短周期结构,或者产生稳定结构,在这种元胞自动机中同时呈现出局部和整体的排列次序。 这种自动机可以看作是一个滤波器(filter),这来自于给定转换规则的离散数据的本质。

(3) 混沌型。

自任何初始状态开始,经过一定时间运行后,元胞自动机形成非周期的混沌结构。至少在经过一定的时间后,这种结构的统计特征与初始结构的统计特征大致相同。由第三种元胞自动机生成的结构通常为自相似的分形排列。对于任意的初始配置,经过大量的时间步后,这些结构具有相同的统计特征。人们对这类自动机在几何方面的应用具有很大的兴趣。这种自动机是最常用的一种元胞自动机。

(4) 复杂型。

这种元胞自动机产生稳定的、周期性的、可以维持任意长时间的传播结构。一些元胞自动机在经历一定时间步以后衰退,即所有元胞的状态变为 0,而这类元胞自动机可以形成稳定的周期性结构。通过对这些恰当的传播结构进行设置,可以得到具有任意循环长度的最终状态。在演化过程中,复杂型元胞自动机表现出高度的不可逆性。这种元胞自动机可以呈现出重要的局域排列。

4.2　概率性元胞自动机方法

为了避免在讨论非确定性元胞自动机时发生混淆,应该清楚地标明在算法中出现的统计元素。将确定性元胞自动机变为非确定性的基本方法有两种:第一种方法就是随机地选择所研究的晶格格点,而不是系统化地按顺序选择,但是要使用确定性变换规则;第二种方法就是用概率性变换代替确定性变换,但要系统地研究所有格点。第一类自动机的基本建立过程类似于波茨模型。这里将着重讨论第二种方法,并将之归为概率性或随机性元胞自动机。

概率性元胞自动机,就其基本过程和要素方面而言,非常相似于普通的元胞自动机,只不过转变规则由确定性的换成了随机性的。

下面通过一个例子来说明概率元胞自动机的原理。设有 N 个格点组成一个一维链,其中每个格点有 k 个可能的状态 $S_v = 0,1,2,\cdots,k-1$。从而整个链共有 k^N 个不同的排列方式。下面,由 $(S_1,S_2,\cdots,S_N)$ 描述的某给定晶格状态用下式整数标记为

$$i = \sum_{v=1}^{N} S_v k^{v-1} \tag{4.3}$$

在概率性元胞自动机中,现在假设每个状态 i 的存在概率为 p_i。这个概率是时间的函数,即有 $p_i(t)$,并按照其转变概率 T_{ij} 以离散时间步 $t=0,1,2,\cdots$ 的方式变换发展。如果只考虑靠近的时间步 $(t-1)$,这一规则可用下式给出:

$$p_i(t) = \sum_{j=0}^{k^N-1} T_{ij} p_j(t-1) \tag{4.4}$$

因此,如果系统在前一个时间处于 j 状态的话,转移概率 T_{ij} 就表示得到链配置组态 i 的概率。

因为所考虑的是离散型元胞自动机方法,所以转移概率 T_{ij} 是由局部规则决定的,亦即

$$T_{ij} = \prod_{v=1}^{N} p(S_v^i \mid S_{v-1}^j, S_v^j, S_{v+1}^j) \tag{4.5}$$

式中,S_v^j 和 S_v^i 分别表示状态 j 和 i 的格点变量。因而,变量 S_v^i 的转换只与其最近邻及其自己的状态有关。直接把这一思想由 von Neumann 推广到 Moore 近邻是很简单的。时间演化可由 k 个 k^3 阶矩阵 $\boldsymbol{p}$ 完全决定。

在概率元胞自动机中,总和型或分离型变换规则均可以使用。虽然概率性元胞自动机与 Metropolis Monte Carlo 算法之间具有一定的相似性,但二者之间还是有差别的。这种差别主要表现在两个方面:①Monte Carlo 方法每个时间步长只更新一个格点,而概率元胞自动机像大多数自动机一样,每次要全部一起更新;② 从总体上说,元胞自动机都没有本征的长度或时间标度。

尽管大多数元胞自动机,尤其是它们的概率性变体(派生的)方法经常被用于处理在微观层次上的模拟问题,但是,它们的标定参数主要是由构成物理模型的基础来决定,而不是由所采用的元胞自动机算法来决定。

4.3　非平衡现象的模拟

4.3.1　热力学模拟

在金属的热变形过程中,要遇到一系列非平衡转变现象和微结构瞬态问题,如再结晶、连续型与非连续型晶粒生长、三次再结晶和不连续沉淀等。按照微结构的观点,这些转变现象都是由大角晶界的运动引起的。由于 Gibbs(吉布斯)自由能存在梯度,原子或原子团将从一个晶粒跃迁转移到其邻近晶粒,根据这一思想,对同相界面的运动可以进行唯象地描述。其净驱动压强为

$$p = \frac{\mathrm{d}G}{\mathrm{d}V} \tag{4.6}$$

式中,G 为 Gibbs 自由能;V 为作用的体积。在实际材料中,各种贡献都将影响到局域自由能的值。

在冷加工金属中,由于位错密度 ρ 增加后对所储存的弹性能的贡献占其对驱动压强贡献中的最大份额。应用经典统计态变量方法,这个贡献 $p(\rho)$ 可表示为

$$p(\rho) \approx \frac{1}{2}\Delta\rho\mu b^2 \tag{4.7}$$

式中,$\Delta\rho$ 是界面两边的位错密度差;μ 为各向同性极限下的体剪切模量;b 表示柏氏矢量的大小。有时,将存在于元胞壁的位错(ρ_w)和元胞内的位错(ρ_i)的贡献分别表述。同时,后者 ρ_i 的贡献可直接写入公式,而前者 ρ_w 只能用亚晶粒尺寸 D 和亚晶粒壁的界面能 γ_{sub} 表达,即有

$$p(\rho_i, \rho_w) \approx \frac{1}{2}\Delta\rho_i\mu b^2 + \frac{\alpha\gamma_{\text{sub}}}{D} \tag{4.8}$$

式中,α 是常数,利用 Read – Shockley 方程,亚晶粒壁的贡献可以作为取向偏差角度的函数计算出来。尽管这种方法比式(4.7)给出的情况更详细一些,但它仍然忽略了内部长程应力的贡献。

第二项贡献通常是由作用于各晶粒上的 Laplace(拉普拉斯)压强或毛细压强引起的。这将产生一种增加总界面面积的倾向,对于球状晶粒可以用界面的局部曲率表示这一贡献。对于常见的晶粒粒度分布和球形晶粒,假定有下式成立:

$$p(\gamma) = \frac{\alpha\gamma}{R} \tag{4.9}$$

式中,α 为 $2 \sim 3$ 阶的常数;γ 为界面能;$1/R$ 为曲率。

对于薄膜,还有来自表面能梯度的贡献,即

$$p(\gamma_s) = \frac{2(\gamma_1 - \gamma_2)B\,\mathrm{d}x}{hB\,\mathrm{d}x} = \frac{2\Delta\gamma B}{h} \qquad (4.10)$$

式中,B 表示薄膜宽度;h 为膜厚;$\Delta\gamma$ 代表表面能变化量。

在过饱和态,对驱动压强还有一项化学贡献。其对应的转变称为非连续沉淀。对于较小的浓度,这一化学驱动力为

$$p(c) \approx \frac{k_B}{\Omega}(T_0 - T_1)c_0\ln c_0 \qquad (4.11)$$

式中,k_B 为玻耳兹曼常数;Ω 为原子体积;T_1 为试验中的实际温度;T_0 为相应于 T_1 时过饱和浓度的平衡温度;c_0 为浓度。在总的驱动压强中,还要考虑冷加工或硬化金属间化合物中由于损失长程有序而产生的贡献。更进一步还应当考虑来自于磁性、弹性及温度场等梯度的贡献,但是这类贡献在实际应用中意义不大。可能的反驱动力主要来自于以下几个方面:杂质阻力及在有序化合金中大角晶界运动在远处产生畴的结构。

4.3.2 动力学模拟

为使原级再结晶(亦称为初次再结晶)能够启动,要在热力学、力学和动力学方面有一定的不稳定性。第一类不稳定性是成核,第二类是有净驱力,第三类就是大角晶界的运动。

如果是热力学的均匀过程,则在初次再结晶过程中不发生成核。这就是说,由于局域弹性减少而使晶粒得到的自由能,不能有效地补偿在核周围形成的新的大角晶界所需要的表面能。由此可见,在再结晶过程中,主要是非均匀成核。可能成核的格点所处的区域应该具有非常高的位错密度和较小的子晶粒尺寸,以及具有较大的局域晶格取向偏差,如剪切带、微带、迁移带、存在大角晶界、在沉淀周围的形变区等。

在原级再结晶过程中,沿垂直于新形成晶界的方向上,其净驱动力分量的临界值通常是能够被满足的。如果所考虑的驱动力是比较小的情况,诸如在二次和三次再结晶或结晶长大中所遇到的情况,其过程中固有的驱动压强则可以通过诸如杂质和沉淀物引起的反驱动力给予补偿。

在原级再结晶的早期阶段,通过变形基体形成的具有大角晶界的核,有一个反映非相干界面的运动学自由度。根据原子和原子团簇在上述一个或多个驱动力作用下通过界面的简单物理图像,可以描述大角晶界的运动。如采用垂直通过均匀晶界的各向同性单原子的扩散过程,则用于描述界面运动的对称速率方程可以写为

$$\dot{x} = v_{\mathrm{D}}\lambda_{\mathrm{gb}}nc\left\{\exp\left(-\frac{\Delta G - \Delta G_t/2}{k_{\mathrm{B}}T}\right) - \exp\left(-\frac{\Delta G + \Delta G_t/2}{k_{\mathrm{B}}T}\right)\right\} \qquad (4.12)$$

式中，$\dot{x}$ 表示界面速度；v_{D} 是德拜频率；λ_{gb} 表示通过界面时的跳变宽度；c 表示平面内自扩散截体缺陷的固有浓度（如晶界空位或源的重组）；n 表示晶界片的法向矢量；ΔG_t 是与转变有关的吉布斯能；k_{B} 为玻耳兹曼常数；T 为绝对温度；黑体符号表示向量。

德拜频率的量级为 $10^{13} \sim 10^{14}\ \mathrm{s}^{-1}$，跳变宽度具有柏氏矢量的大小。将熵、熵及驱动压强带入式(4.12)，则有

$$\dot{x} = v_{\mathrm{D}}\lambda_{\mathrm{gb}}n\exp\left(\frac{\Delta S^{\mathrm{f}}}{k_{\mathrm{B}}}\right)\exp\left(-\frac{\Delta H^{\mathrm{f}}}{k_{\mathrm{B}}T}\right)\cdot$$

$$\left\{\exp\left(-\frac{\Delta H^{\mathrm{m}} - T\Delta S^{\mathrm{m}} - (p/2)\Omega}{k_{\mathrm{B}}T}\right) - \exp\left(-\frac{\Delta H^{\mathrm{m}} - T\Delta S^{\mathrm{m}} + (p/2)\Omega}{k_{\mathrm{B}}T}\right)\right\}$$

$$(4.13)$$

式中，p 为驱动力（如储存的弹性能或界面曲率）；Ω 为原子体积；ΔS^{f} 表示形成熵；ΔH^{f} 表示形成熵；ΔS^{m} 表示运动熵；ΔH^{m} 表示运动熵。

原子体积是 b^3 的量级，这里 b 为柏氏矢量的大小。ΔS^{f} 主要是振动熵，而 ΔS^{m} 包含有组态和振动两者的贡献，则式(4.13)变为

$$\dot{x} = v_{\mathrm{D}}bn\exp\left(\frac{\Delta S^{\mathrm{f}} + \Delta S^{\mathrm{m}}}{k_{\mathrm{B}}}\right)\sinh\left(\frac{p\Omega}{k_{\mathrm{B}}T}\right)\exp\left(-\frac{\Delta H^{\mathrm{f}} + \Delta H^{\mathrm{m}}}{k_{\mathrm{B}}T}\right) \qquad (4.14)$$

考虑到双曲函数中的 $\dfrac{p\Omega}{k_{\mathrm{B}}T}$ 是个小量，则式(4.14)采取线性近似可得到

$$\dot{x} \approx v_{\mathrm{D}}bn\exp\left(\frac{\Delta S^{\mathrm{f}} + \Delta S^{\mathrm{m}}}{k_{\mathrm{B}}}\right)\left(\frac{p\Omega}{k_{\mathrm{B}}T}\right)\exp\left(-\frac{\Delta H^{\mathrm{f}} + \Delta H^{\mathrm{m}}}{k_{\mathrm{B}}T}\right) \qquad (4.15)$$

为了方便相互比较，这里给出用于晶界迁移率试验数据阿伦乌斯(Arrhenius)分析的著名唯象表达式为

$$\dot{x} = n \cdot m \cdot p = nm_0\exp\left(-\frac{Q_{\mathrm{gb}}}{k_{\mathrm{B}}T}\right)p \qquad (4.16)$$

式中，m 表示迁移率；Q_{gb} 表示晶界运动的激活能。

比较式(4.15)和式(4.16)两式中的系数，则有

$$\begin{cases} m_0 = \dfrac{v_0 b\Omega}{k_{\mathrm{B}}T}\exp\left(\dfrac{\Delta S^{\mathrm{f}} + \Delta S^{\mathrm{m}}}{k_{\mathrm{B}}}\right) \\ Q_{\mathrm{gb}} = \Delta H^{\mathrm{f}} + \Delta H^{\mathrm{m}} \end{cases} \qquad (4.17)$$

式(4.12)～(4.17)给出了关于晶界运动的经典动力学图像。

在退火过程中，初次再结晶是其要达到的状态与某一定范围的复原倾向相互竞争的结果。在原级再结晶的初级阶段，局域复原过程促进了晶核的形成。而且，在其最后阶段，位错湮灭及重新排列将引起所储存能量的不断降低，从而

使局域驱动力明显减小,最终导致再结晶速度减慢。若假设复原速率 $\dot{\rho}$ 与所储存的位错密度 ρ 成比例关系,则可得到一个简单的指数定律,即

$$\rho(t) = \rho_0 \exp\left(-\frac{t}{\tau}\right) \tag{4.18}$$

式中, $\rho(t)$ 是作为时间 t 的函数的位错密度; ρ_0 表示形变后的位错密度; τ 为弛豫时间。

4.3.3 确定性元胞自动机解法

本节将讨论用于冷加工金属中原级再结晶模拟的确定性元胞自动机方法。假定成核和新结晶晶粒长大所需驱动力均来源于局域位错密度的梯度,并且当有碰撞时生长终止。对于复原合成核,元胞自动机允许引入任意的条件。起始数据应包括格栅几何参数和态变量取值等信息,如温度、成核概率、晶界迁移率、位错密度和晶体取向。这些数据必须以三维基体的角度提供。也就是说,这些数据能够描述作为空间函数的初始微结构的主要特征。为降低对计算机存储器的要求,可以指定所研究的晶粒数,并且每个元胞所储存的晶粒数只能是这个指定的数目。

在计算机主存储器中储存以供使用的排列数组,这就是所谓的晶粒表格(grain list)和表面表格(surface list)。其中,首先应含有晶粒结晶取向的信息。输入数据由晶粒数目和描述其晶粒取向的 3 个欧拉角组成。其次,描述那些只拥有同一个晶粒表面的元胞。为了进一步降低所需要的存储量,在上述表中只存储两个独立的数据组,亦即元胞的坐标和共用同一个元胞的晶粒数目。

在模拟静态原级再结晶时,设元胞自动机主循环从时间 t_0 启动。按照原级再结晶的物理过程,可以将其分为在每个时间步 t_i 均是顺序发生的三个主要路线,亦即所谓的复原、成核和晶核生长。

在复原阶段,与驱动力相联系并对成核速度有潜在影响的位错密度,可以按照式(4.18)所给出的动力学描述进一步简化。在简单的有限差分公式中,可以计算出 $f<1$ 的因子,这个因子 f 与弛豫时间 τ、温度 T 和时间 t_i 有关。这时,在时间 t_i 时的位错密度就可以表示为

$$\rho(x_1,x_2,x_3,t_i,T,\tau,\varphi_1,\phi,\tau_2) = f_\rho(T,\tau,t_i)\rho(x_1,x_2,x_3,t_0,T,\tau,\varphi_1,\phi,\varphi_2)$$

$$\tag{4.19}$$

在更为复杂的方法中,函数 f 还将依赖于局域取向 $(\varphi_1,\phi,\varphi_2)$,也就是把普通的复原转换为取向相关的复原。

在成核阶段,各元胞或元胞团簇应由变形状态转变为再结晶状态。

对所建立模型的体材料样品,可考虑给定半径球的排列情况,从而以几何学的角度给出所使用的格栅。同时,合理规定各种不同的确定性或统计性成核

临界条件。若不考虑特定的临界条件,可以采用变形基体中晶核晶粒(nucleus grains)的格点饱和的统计空间排列。根据所构造模型的物理基础,相对周围的形变基体,其晶核取向可有三种情况:即相同取向、相似取向($\Delta g \leqslant 15°$)或不同取向($\Delta g \geqslant 15°$)。相同或相似取向的晶核只能存在于大角晶界,而当取向偏差明显不同时晶粒会生长进入近邻晶粒。在某些更为物理的方法中,在形变基体中可只选择元胞作为成核格点,以便具有更大的存储能量和最大的局域取向偏差。把这些反映晶粒取向特性的临界条件,以及产生的晶核应与基体有相似取向的规则结合起来,就相当于给出一个取向成核的假说。通过采用确定性规则或 Monte Carlo 法,可以证实这个假说的正确性。若采用后一种方法,转变规则将使得确定性元胞自动机变成一个混合自动机。"混合"意味着自动机是由随机成核、确定性生长和复原等组成。

在成核阶段之后,晶核晶粒应添加到晶粒表中,一般假定其形状为球形。所有属于这个球表面的元胞都要增补到表面清单表格中。球内部的元胞被记作属于再结晶的。在使用这些球状晶粒时,必须避免格栅几何因素对成长晶粒的形状产生大的影响。成核条件决定了在时间 t_i 时所产生的晶核数 N_i。为了便于讨论,可适当地补充其他成核条件,如格点饱和、固定成核速率等。

在生长阶段,对于每个晶粒可执行一个循环,这个循环就是遍及所有属于目标晶粒表面的元胞。在这个循环中,可以确定表面元胞与其非再结晶近邻元胞两者结晶取向偏差 Δg 和温度 T 的函数。迁移率的数值一般可以从现成表中查得,但对于 Read-Shockley 型小角晶界和孪晶晶界,其值一致性较差,例如 $\Sigma = 3$ 或 $\Sigma = 9$ 时常把迁移率设置为 0。

在原级晶界的情况下,局域驱动力取决于非再结晶元胞的实际位错密度 ρ。驱动力和迁移率决定着晶界运动的速度;晶界速度即是指在单个时间增量内的生长量(以元胞直径为单位)。事实上,由于是在其邻近方向上进行元胞数目的计算,因而所考察的表面元胞会横向迁移到周围环境中。这一运动可以通过适用于三维环境的 Bresen-Ham 算法进行处理。在这种转移运动中所遇到的所有元胞均记作再结晶的。当再结晶元胞发生相互碰撞时,生长即刻终止。[3]

4.3.4　概率性元胞自动机解法

由式(4.15)和式(4.16)给出的微分方程类型,可直接用作宏观动力学元胞自动机的变换规则。与上文描述的确定性方法不同,在概率性元胞自动机方法中,通过采用权重随机抽样方案把确定性积分用统计积分代替,为此,必须把式(4.15)或式(4.16)分解成确定性部分 $\dot{x}_0$ 和概率性部分 w,即有

$$\dot{x} = \dot{x}_0 w = n \frac{k_B T m_0}{\Omega} \frac{p\Omega}{k_B T} \exp\left(-\frac{Q_{gb}}{k_B T}\right) \tag{4.20}$$

式中,$\dot{x}$ 为晶界速度,并且

$$\dot{x}_0 = n \frac{k_B T m_0}{\Omega} \quad \text{和} \quad w = \frac{p\Omega}{k_B T} \exp\left(-\frac{Q_{gb}}{k_B T}\right) \tag{4.21}$$

模拟应是在空间网格上进行,其给定标度 λ_m 大于原子尺度(λ_m 与位错元胞尺寸有关)。如果有转变现象发生,则晶粒将按 λ_m^3(而不是 b^3)生长(或收缩),为了校正标定尺度,应把式(4.20)改写为

$$\begin{cases} \dot{x} = \dot{x} w = n(\lambda_m v) w \\ v = \dfrac{k_B T m_0}{\Omega \lambda_m} \end{cases} \tag{4.22}$$

而且,根据 λ_m 及时间标度($1/v$)可知,对统计积分施加这样一个频率是不合适的。因此,有必要利用冲击频率 v_0 把上述方程归一化,有

$$\dot{x} = \dot{x}_0 w = n\lambda_m v_0 \left(\frac{v}{v_0}\right) w = \hat{\dot{x}}_0 \left(\frac{v}{v_0}\right) w = \hat{\dot{x}}_0 \hat{w} \tag{4.23}$$

其中

$$\hat{\dot{x}}_0 = n\lambda_m v_0 \text{ 和 } \hat{w} = \left(\frac{v}{v_0}\right)\frac{p\Omega}{k_B T}\exp\left(-\frac{Q_{gb}}{k_B T}\right) = \frac{m_0 p}{\lambda_m v_0}\exp\left(-\frac{Q_{gb}}{k_B T}\right) \tag{4.24}$$

式中,$\hat{\dot{x}}_0$ 由网格大小及选取的冲击频率决定;$\hat{w}$ 由温度及试验输入数据决定。例如,晶界特征性质依赖于取向偏差和平面倾角,驱动力取决于所存储的弹性能和局域曲率。由式(4.3)给出的耦合方程组可以统计地进行积分求解。

4.4 元胞自动机方法在材料科学中的应用

4.4.1 再结晶的模拟

1. 动态再结晶过程中 HY-100 钢显微组织的变化

M. Qian 等人[4]采用动态再结晶(DRX)的原理和 CA(元胞自动机)的方法建立模型,对 HY-100 钢的显微组织转变和塑性流变特征进行了模拟。

动态再结晶的理论模型为只有当位错密度或应变达到临界值时,再结晶才能发生,其中临界值是与温度和应变速率有关的。而显微组织转变又与形核率和晶粒生长动力学有关,为了简化该模型,作如下假设[5~7]:

(1)初始位错密度是相同的,当其达到临界值时,再结晶才能发生。

(2)再结晶晶粒内部的初始位错密度为 0,并随着变形的进行最终达到饱和,且各晶粒各不相同。

（3）DRX 的形核仅发生在晶界处（包括初始晶界和再结晶晶界）。

位错密度在动态再结晶和显微组织转变中发挥着重要作用，根据 KM(Kocks - Mecking) 模型，流变应力与位错密度的关系为[8]

$$\sigma = \alpha \mu b \sqrt{\rho} \qquad (4.25)$$

式中，α 为位错的相互作用系数，对于大多数金属而言，其为 0.5；μ 是剪切模量，ρ 为位错密度，而应变与 ρ 的关系见式(4.26)[9]，并考虑沉淀物效应，引入一无量纲常数 Λ，其对给定材料而言是唯一的，即

$$\frac{\mathrm{d}\rho}{\mathrm{d}\varepsilon} = Ak_1\sqrt{\rho} + \frac{1}{bd} - k_2\sqrt{\rho} \qquad (4.26)$$

式中，b 为柏氏矢量；d 为再结晶晶粒大小。

动态再结晶的形核率与应变速率的关系为[10]

$$\dot{\varepsilon}(T) = \dot{n}(T_m)\exp\left[-\frac{Q_{act}}{RT_m}\left(\frac{T_m}{T} - 1\right)\right] \qquad (4.27)$$

式中，T_m 为熔点；$\dot{n}(T)$ 为 T 温度下的形核率；Q_{act} 为激活能。

晶界的运动速度 V 为

$$V = BMF \qquad (4.28)$$

式中，B 在本模拟中为 0.26；M 为迁移率；F 为驱动力。

在本模拟中，初始显微组织是按正常的晶粒长大的算法构建的，初始的晶粒与基体的取向是在 0 ～ 180° 分布的。模拟的点阵为 200 × 150，对应于 400 nm × 300 nm 的区域。

应变速率 0.01 s^{-1}、温度 1 100 ℃ 下 HY - 100 钢的组织转变和应力-应变曲线，如图 4.1 所示。应变速率 0.01 s^{-1} 下的应力-应变曲线如图 4.2 所示。

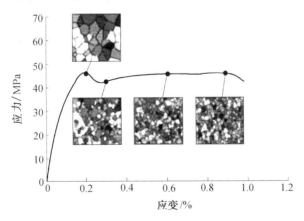

图 4.1　应变速率 0.01 s^{-1}、温度 1 100℃ 下 HY - 100 钢的组织转变和应力-应变曲线

模拟结果表明，影响再结晶的因素很多，但关键变量为位错密度，本例模型

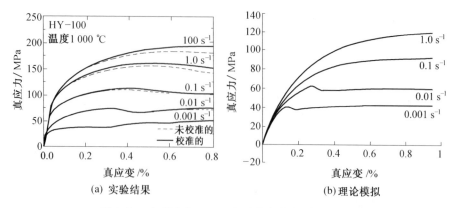

图 4.2 应变速率 0.01 s⁻¹ 下的真应力-真应变曲线

将动态再结晶过程中的沉淀物效应应用于温度和应变速率的参数修正,模拟很好地预测了显微组织转变和塑性流变特征。从模拟结果可以看出,热力学参数对显微组织转变和塑性流变等材料性能有着很大的影响。

2. 热加工过程中 Ti‑6Al‑4V 合金显微组织的转变

R. Ding[11] 等人针对 Ti‑6Al‑4V 合金在 β 相区热加工过程中显微组织的转变进行了模拟,利用基本的再结晶物理规律和元胞自动机方法构建了模型。

动态再结晶的形核率与应变速率的关系可表示为[12]

$$\dot{\varepsilon}(T) = \dot{n}(T_\mathrm{m}) \exp\left[-\frac{Q_\mathrm{act}}{RT_\mathrm{m}}\left(\frac{T_\mathrm{m}}{T}-1\right)\right] \tag{4.29}$$

式中,T_m 为熔点;$\dot{n}(T)$ 为 T 温度下的形核率;Q_act 为激活能。

位错密度在动态再结晶和显微组织转变中发挥着重要作用,根据 KM(Kocks‑Mecking) 模型,流变应力与位错密度的关系[13] 为

$$\sigma = \alpha\mu b\sqrt{\rho} \tag{4.30}$$

式中,α 为位错的相互作用系数;ρ 为位错密度。位错密度 ρ 的计算公式为

$$\rho = \rho_\mathrm{m}(1-P) + P\sum_{i=1}^{N}\rho_i(x_i/X) \tag{4.31}$$

式中,ρ、ρ_m、ρ_i 分别为平均、基体、i 原子的位错密度;P 为发生动态再结晶的区域分数;x_i、X 分别为在给定的时间内第 i 个再结晶晶粒的体积和全部再结晶晶粒的总体积。不同条件下的模拟结果如图 4.3 ~ 4.5 所示。

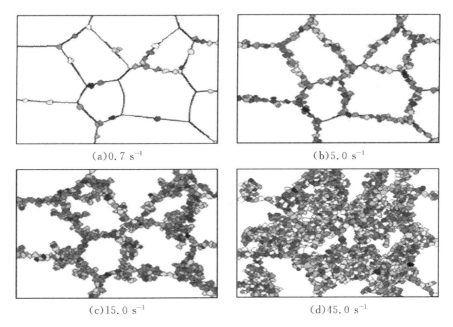

(a)0.7 s⁻¹   (b)5.0 s⁻¹

(c)15.0 s⁻¹   (d)45.0 s⁻¹

图 4.3　在 1 050℃,应变速率为 $1.0\ s^{-1}$ 下,Ti-6Al-4V 合金在 β 相区热加工过程中显微组织的模拟结果

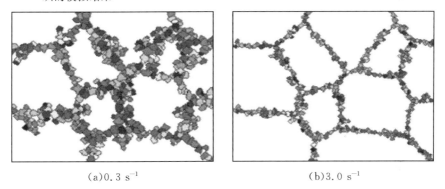

(a)0.3 s⁻¹   (b)3.0 s⁻¹

图 4.4　在 1 050℃,应变速率为 $10.0\ s^{-1}$ 下,Ti-6Al-4V 合金在 β 相区热加工过程中显微组织的模拟结果

　　模拟结果表明动态再结晶的区域百分比和再结晶晶粒尺寸都随着温度的升高或应变速率的降低而升高。

3. 深冲板 St15 再结晶退火织构演变

　　孙景宏等人[14] 用二维元胞自动机方法,以 $w(C) = 0.02$ ％ 铝镇静钢深冲板 St15 热轧、冷轧、退火再结晶组织和织构以及再结晶演变的试验结果为初始条件和参照,分别对 1.2 mm 冷轧深冲板 $560 \sim 620$ ℃ 退火再结晶和 700 ℃ 晶粒长大过程进行计算机模拟。以再结晶前的回复过程产生的亚晶作为基础实

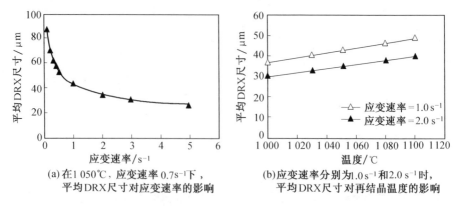

(a) 在1 050℃, 应变速率 0.7s⁻¹下,
平均DRX尺寸对应变速率的影响

(b) 应变速率分别为 1.0 s⁻¹和 2.0 s⁻¹时,
平均DRX尺寸对再结晶温度的影响

图 4.5　应变速率和再结晶温度对再结晶晶粒尺寸的影响

体,选取 300×300 的正方形单元格模拟了实际面积为 $300~\mu m \times 300~\mu m$ 的冷轧组织的再结晶和晶粒长大过程,一个正方形元胞代表一个亚晶,从而实现模拟的实空间尺度;设定元胞状态变换不仅受其邻接元胞状态制约,还根据演化方程与时间建立关系,从而实现实时间尺度;根据 α 取向线和 γ 取向线的织构特征,选定了 6 种比较重要的织构组分 $T_i(i=1,\cdots,6)$,即 $\{110\}\langle 110\rangle$ 织构、$\{111\}\langle 110\rangle$ 织构、$\{111\}\langle 112\rangle$ 织构、$\{112\}\langle 110\rangle$ 织构、$\{100\}\langle 110\rangle$ 织构和随机织构 R,以便于确定模拟过程中晶粒的取向。在模拟过程中,考虑了周期性边界条件,元胞的邻接关系仅与第一近邻和次近邻有关,且第一近邻和次近邻有不同的权重。

模型的选择和参数的确定方法如下:

(1) 形变。对 St15 冷轧织构进行正态啮合分析,计算各个织构组分的体积分数,而后对形变组织进行织构组分划分,用设定的不同颜色表示,得到形变织构结果。

(2) 回复。根据亚晶界的位错模型,以亚晶间取向差 θ 计算的亚晶界能 $\gamma_{\mathrm{lowangle}}$ 的计算公式为

$$\gamma_{\mathrm{lowangle}} = \theta\left[\frac{E_c}{b} - \frac{Gb}{4\pi(1-\nu)}\ln\theta\right] \qquad (4.32)$$

式中,E_c 为位错中心的能量;G 为切变模量,根据体弹性模量 $E_c = 211$ GPa 计算;b 为柏氏矢量,取密排原子间距为 2.89×10^{-10} m;ν 为泊松比,值为 0.29。

则每个元胞(亚晶)总能量 E 表示为

$$E = \sum_n \gamma_{\mathrm{lowangle}} + \sum_m \gamma_{\mathrm{highangle}} \qquad (4.33)$$

式中,n 表示与该亚晶同取向的第一近邻亚晶数目;m 表示该亚晶不同取向的第一近邻亚晶数目。能量描述没有考虑重合位置的点阵晶界,同时忽略了不同织构组分亚晶平均尺寸的差异。

（3）再结晶。运用随机形核、确定生长的元胞自动机模拟从 560 ℃ 开始，以30 ℃/h的加热速度加热，到 620 ℃ 结束的再结晶过程[15]。

（4）晶粒长大。运用确定性元胞自动机模拟了从 620 ℃ 开始，加热速度为30 ℃/h，到 700 ℃ 后恒温 12 h 的晶粒长大过程。

对再结晶进行到 30 min、1.5 h 和 2 h 时的组织变化进行模拟，如图 4.6 所

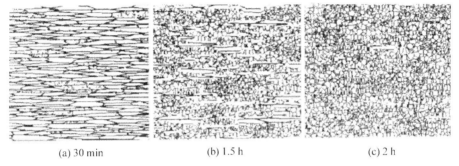

(a) 30 min　　　　　(b) 1.5 h　　　　　(c) 2 h

图 4.6　深冲板再结晶组织模拟结果(300 μm × 300 μm)

示。用设定的颜色表示再结晶组织模拟结果中各个晶粒的取向所属的织构组分，得到再结晶织构的模拟结果，如图 4.7 所示。深冲板 700℃ 恒温下晶粒长大织构的模拟结果如图 4.8 所示。

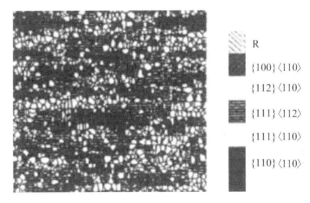

R
{100}⟨110⟩
{112}⟨110⟩
{111}⟨112⟩
{111}⟨110⟩
{110}⟨110⟩

图 4.7　深冲板再结晶织构的模拟结果

模拟结果表明：

(1)500 ～ 560 ℃ 再结晶过程体积分数随时间变化呈 S 形。在形变织构的基础上，再结晶的 {111}⟨110⟩ 和 {111}⟨112⟩ 织构组分强度增幅较大；{110}⟨110⟩ 织构组分强度有一定的增强；{112}⟨110⟩ 织构和{100}⟨110⟩ 织构的组分强度都有很大程度的减弱。

(2)在 700 ℃ 恒温晶粒长大 10 h 后，晶粒尺寸、形状都趋于稳定。强度最大的组分是{111}⟨110⟩ 织构和{111}⟨112⟩ 织构，随时间延长而强度逐渐增大，

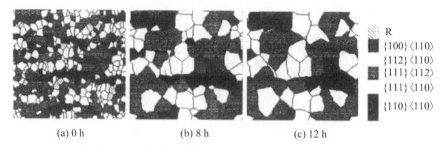

	R
	{100}⟨110⟩
	{112}⟨110⟩
	{111}⟨112⟩
	{111}⟨110⟩
	{110}⟨110⟩

(a) 0 h   (b) 8 h   (c) 12 h

图 4.8   深冲板 700 ℃ 恒温下晶粒长大织构的模拟结果

当恒温长大超过 8 h 后,织构分布都趋于稳定。

4. 动态再结晶过程

Xiao Hong 等人[16] 采用 CA 法模拟动态再结晶过程。首先结合金属塑性成形过程的冶金学原理,得到新的模拟动态再结晶过程的元胞自动机 CA 模型,模拟塑性变形过程中动态再结晶过程。计算模型为[17]

$$v_i = \frac{\overline{b^2}}{k_B T} D_0 \exp\left(\frac{-Q_b}{RT}\right) F_i / (4\pi r_i^2)$$

$$F_i = 4\pi r_i^2 \tau (\rho_m - \rho_i) - 8\pi r_i \gamma_i$$

式中,v_i 为晶粒生长速度;F_i 为驱动力;k_B 为 Boltzmann(玻耳兹曼)常数;D_0 为扩散系数;Q_b 为边界移动激活能;τ 为线位错能;γ 为界面能;ρ_i,ρ_m 为动态再结晶晶粒和与之相邻晶粒的位错密度。

采用上述 CA 模型公式,可以计算动态再结晶晶粒的生长速度,进而可求得每一时间步晶粒的可能生长距离。

基于以上模型然后建立与之对应的恰当的 CA 模型转变规则。根据形核率随机选择处于晶界的基元作为动态再结晶的形核位置,并依据改进的 Neumann 相邻规则,得到对于处于与新的动态再结晶晶粒相邻的基元,其相邻晶粒使其状态改变的概率为

$$P_G = \frac{\int_{t_1}^{t_2} v_i \, dt}{S_{CA}}$$

式中,S_{CA} 为基元尺寸,其晶粒取向与使其状态改变概率最大的晶粒相同。

最后对 CA 模型进行模拟计算分析。对网格进行均匀划分,每一时刻基元的状态用有限的值加以描述。初始组织晶粒采用等轴长大方式形成,动态再结晶晶粒按给定的概率在晶界上形核。为了用有限的空间代替无限的空间,采用了周期边界条件。另外,对于每一时间的增量,采用上述公式可得到每一基元的状态,以及每一基元的位错密度、等效应变和对应的晶粒尺寸等各种信息。

通过模拟发现,得到的动态再结晶后的组织结构与典型动态再结晶结构相

类似,而且模拟结果与试验结果以及经验公式得到的结果相吻合,从而证明了这种 CA 模型的正确性。

4.4.2　晶粒长大的模拟

1. 基于曲率驱动机制的晶粒生长模型

花福安等人[18]结合晶粒生长的统计分析理论和概率性转变规则,建立了基于曲率驱动机制的晶粒正常生长的二维元胞自动机模型,并基于该模型对等温条件下晶粒正常生长的各种现象进行了模拟。

首先建立一个以晶界曲率为驱动力的晶粒正常长大统计模型。

基于假设,得到第 i 组晶粒生长速率 v_i 与晶粒尺寸及分布的关系为

$$v_i = \frac{\mathrm{d}R_i}{\mathrm{d}t} = M \sum_{j=1}^{N_c} (\frac{1}{R_j} - \frac{1}{R_i}) p_j \tag{4.34}$$

式中,N_c 为晶粒组数;M 为晶界的扩散率,$M = 2m\gamma$,m 和 γ 分别为晶界迁移率和晶界张力,这里假设所有晶界的 m 和 γ 值不变;p_j 为第 i 组晶粒与第 j 组晶粒的接触概率,有

$$p_j = \frac{n_j R_j^2}{\sum\limits_{i}^{N_c} n_i R_j^2}$$

式中,n_j 为第 j 组晶粒的个数。式(4.34)代表了 N_c 个微分方程,描述了系统中晶粒尺寸随时间的演变。

基于以上晶粒正常长大的统计模型建立一个恰当的元胞自动机模型:将规则正方形网格划分作为模拟区域,模型中一个晶粒由若干个元胞组成,并通过晶粒的序号加以区分,晶粒的面积由晶粒所包含的元胞数量来表示,晶粒半径定义为元胞数量的平方根。另外,元胞的状态由状态变量表示,构成同一晶粒的所有元胞的状态变量取值相同,且等于该晶粒的晶粒号,晶粒的生长或晶界的迁移通过晶界两侧元胞状态的转变实现,当大晶粒通过消耗小晶粒而长大时,小晶粒元胞的状态值转变为大晶粒元胞的状态值,小晶粒所包含的元胞逐渐减少,大晶粒所包含的元胞逐渐增多。网格边界选择周期性边界条件,邻居关系为交替 Moore 型。

元胞自动机模型的概率转变规则如下:

① 随机选取处于晶界上的元胞 C_i,如果该元胞所属晶粒的生长速率 $v_i < 0$,其 6 个邻居元胞 $C_n(i)(n = 1, 2, \cdots, 6)$ 所属的晶粒中只要有一个晶粒的生长速率 $v_j > 0$,则属于晶粒 i 的元胞 C_i 可以转变其状态,属于晶粒 j。

② 满足上述条件的元胞能否实现状态转变,取决于元胞 C_i 所处晶界的迁移速率 v_i,由 v_i 元胞尺寸 l 和元胞自动机时间步长 Δt 可以确定一个晶界元胞

的转变概率 p 为

$$p = \frac{\mid v_i \mid \Delta t}{l_c}$$

同时程序自动产生一个随机数 $r(0 \leqslant r \leqslant 1)$，如果 $p > r$，转变发生；否则，转变被拒绝。

③ 元胞 C_i 可能与多个晶粒相邻，这时元胞 C_i 的晶粒状态转变存在多种可能性，转变规则采用随机选取一个相邻晶粒的方法确定元胞 C_i 的最终状态值。

图 4.9 所示为晶粒生长过程中不同时刻的形貌，可以看出随着时间的增加，大晶粒逐渐长大，小晶粒逐渐缩小，平均晶粒尺寸增大，总的晶粒数量减少。而且晶粒的生长过程是连续均匀的，并没有出现尺寸特别大的晶粒，属于理想的正常生长过程。

最后通过对等温条件下平均晶粒面积与时间的关系，晶粒尺寸、晶粒边数的分布规律及其时间不变性，晶粒边数与尺寸的关系，以及晶粒生长速率与晶粒尺寸和曲率的关系等晶粒正常生长的各种现象进行了模拟。模拟结果与晶粒生长的动力学理论预测相符合，从而证明了基于曲率驱动机制的晶粒生长元胞自动机模型的正确性。

2.晶粒长大动力学的计算机模拟

夏维国等人[19]的模拟中元胞自动机模型采用 8 邻居模式，能量的计算是以物理原理为基础，而晶界的移动是以能量最小为判断依据。用不同的元胞状态数来表示不同的元胞；对于任一格点，变化代表其晶粒取向的数值，计算变化前后的自由能变化值（ΔG），用 ΔG 来决定元胞在下个时刻的状态。

具体转变规则为：如果 ΔG 为负或者为 0，则接受变化；如果 ΔG 大于零，则以 $\exp(-\Delta G/k_B T)$ 的概率接受变化，其中 k_B 是 Boltzmann 常数，T 是温度。在式 $\exp(-\Delta G/k_B T)$ 中，假设只考虑界面能的影响，则 ΔG 正比于元胞邻居数目中不同于元胞状态的邻居数目的变化。由于邻居数目是 $0 \sim 8$ 的整数，则其变化也是有限的整数；当其非负时，也是 $0 \sim 8$ 的整数。显然，由于指数函数的特性，当 ΔG 为 0 时，函数值为 1，因此整个概率函数是连续的。由于模型中计算得到的邻居数和界面能之间是线性关系，所以原式变换为

$$\exp(-\Delta n \cdot (C/k_B T)) = \exp(-\Delta n \cdot C_T)$$

由于没有指定固定的换算关系，所以本例模拟的是一般的正常晶粒长大问题。通过模拟发现，该模型可以很好地再现前人模拟结果中对于圆形晶粒缩小过程的模拟结果，并在复杂组织下晶粒长大动力学模拟中数据表现出和以往模型不同的数学关系，总结出了不同控制参数下晶粒正常长大的动力学变化趋势，该趋势和生产实际的经验一致。

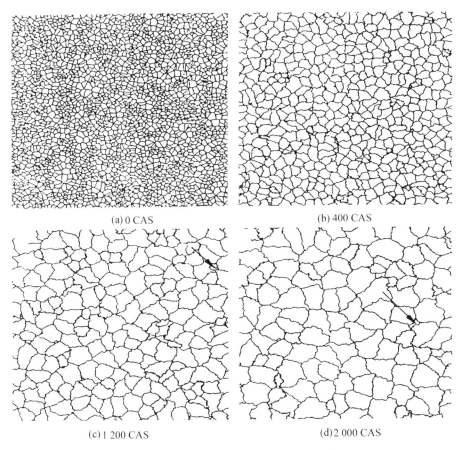

(a) 0 CAS　　　　　　　　　　　　(b) 400 CAS

(c) 1 200 CAS　　　　　　　　　　(d) 2 000 CAS

图 4.9　晶粒生长过程中不同时刻的形貌

（CAS 为元胞自动机的时间步长）

3. 连续冷却时低碳钢中奥氏体的转变

Y. J. Lan 等人[20]利用二维元胞自动机方法对连续冷却时低碳钢中的奥氏体分解为铁素体的现象进行了模拟。在建立的模型中,铁素体晶粒的长大受碳扩散和 γ-α 界面动力学的双重影响。通过模拟,对铁素体晶粒长大的微观机理进行了研究,并就铁素体晶粒长大的动力学进行了进一步的预测。

铁素体晶粒的长大速率可表示为

$$v = \frac{1}{(c^\gamma\big|_{\alpha/\gamma} - c^\alpha\big|_{\alpha/\gamma})}\left(-D_\gamma \frac{\partial c^\gamma}{\partial n}\bigg|_{\alpha/\gamma} - D_\alpha \frac{\partial c^\alpha}{\partial n}\bigg|_{\alpha/\gamma}\right)$$

这是利用元胞自动机进行模拟的主要计算模型。这里 $c^\gamma\big|_{\alpha/\gamma}$ 和 $c^\alpha\big|_{\alpha/\gamma}$ 分别表示 γ-α 界面处奥氏体一侧和铁素体一侧的碳浓度,c^γ 和 c^α 分别表示 γ 相和 α 相内部的碳浓度,D_γ 和 D_α 分别表示碳在奥氏体和铁素体中的扩散系数。

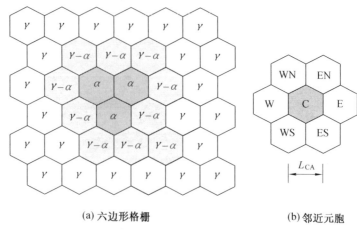

(a) 六边形格栅   (b) 邻近元胞

图 4.10   元胞自动机模型示意图

    元胞自动机模型如图 4.10 所示,其中每个元胞的状态由最邻近的 6 个元胞联合决定,其转变规则依照形核模型和晶粒长大模型来执行。每个元胞包括 4 个变量:① 晶向,据此来决定铁素体形核位向;② 相态,以判断晶格属于 α 相、γ 相还是 $\gamma-\alpha$ 界面处;③ 浓度变量,分别代表铁素体中的碳浓度、奥氏体中的碳浓度以及平均碳浓度;④ 相组分变量,一般表示铁素体的含量。

    模拟结果显示,$\gamma-\alpha$ 界面的稳定性受冷却速率的影响较小,且铁素体晶粒的组织形貌基本上都是等轴的。另外,当奥氏体晶粒直径为 18 μm 左右时,最后的铁素体的质量分数会随冷却温度的增大而略微减小,如图 4.11 所示。而且冷却速度越大,铁素体的晶粒密度也越大,但晶粒平均尺寸会减小,如图 4.12 所示。

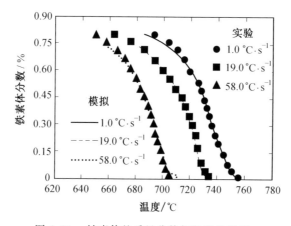

图 4.11   铁素体的质量分数与温度的关系

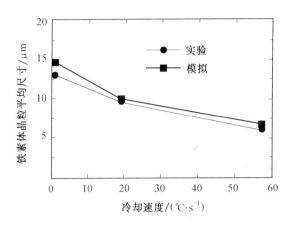

图 4.12　冷却速度对晶粒尺寸的影响

如果等轴晶粒提前在柱状晶粒前端生长,铸件中就会容易形成一些缺陷,如单晶体中形成的弥散晶体。基于此,H. B. Dong 等[21] 利用元胞自动机-有限差分模型(CA - FD) 对镍基高温合金定向凝固时枝晶和等轴晶粒长大进行了模拟,而且就枝晶结构和溶质分布情况也进行了相关模拟。

该模型的理论基础来自于本章参考文献[22 ～ 26]。本例用元胞自动机模型来模拟晶粒的长大,而有限差分方法用来解决溶质扩散问题。但两个模型在相同的二维模拟晶格和时间步内同时运行。每个元胞可能的状态包括 3 种(液态、固态、固液混合态),而每个晶胞的状态在不同的时间步都依据相同的转变规则相互转换,这种转换主要是因为自身的形核或是周围邻近晶胞的长大。对于正在长大的晶胞,固液界面处应用了局部平衡的假设,且固相和液相之间具有一定的溶质浓度。

显微组织特征及柱状晶向等轴状晶的转变,如图 4.13 所示。模拟结果显示,柱晶到等轴晶粒的转变是一个渐变的过程,先于柱状枝晶长成的晶粒容易沿拉伸方向被拉长。另外,在垂直于拉伸力的水平方向上,枝晶之间的溶质分布是均匀的,但沿拉伸方向溶质分布存在一定的摩尔分数梯度,结果分别如图 4.13～4.15 所示。

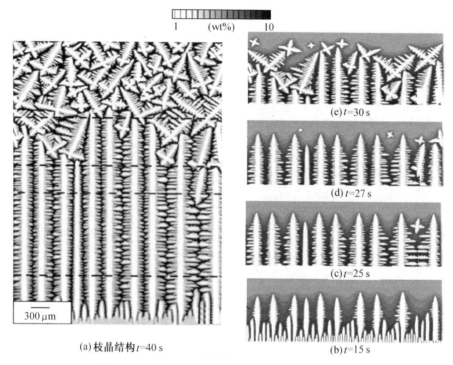

(a)枝晶结构t=40 s

(e)t=30 s

(d)t=27 s

(c)t=25 s

(b)t=15 s

图 4.13 显微组织特征及柱状晶向等轴状晶的转变

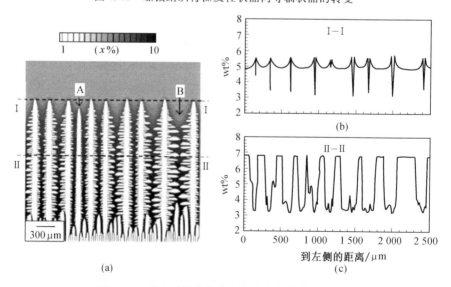

(a)

(b)

(c)

图 4.14 垂直于柱状晶方向溶液摩尔分数的变化

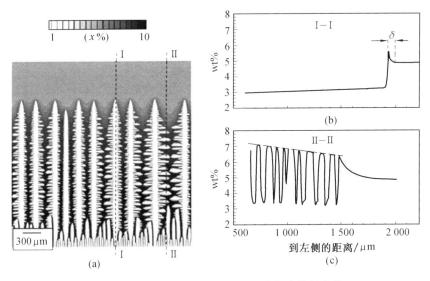

图 4.15　平行于柱状晶方向溶液摩尔分数的变化

本章参考文献

[1] VON N. Theory of self-reproducing automata[M]. Urbana：University of Illinois Press，1966.

[2] ULAM S. Science，computers and people：from the tree of mathematics[M]. Bostan：Birkh Aauser，1986.

[3] WOLFRAM S. Cellular automata and complexity：collected papers[M]. Addison-Wesley，1994.

[4] QIAN M，GUO Z X. Cellular automata simulation of microstructural evolution during dynamic recrystallization of an HY-100 steel[J]. Materials Science and Engineering，2004(A365)：180-185.

[5] McQUEEN H J. Initiating nucleation of dynamic recrystallization，primarily in polycrystals[J]. Mater. Sci. Eng. A.，1988(101)：49-60.

[6] SAKAI T，AKBEN M G，JONAS J J. Dynamic recrystallization during the transient deformation of a vanadium microalloyed steel[J]. Acta Metall.，1983，31(4)：631-641.

[7] PECZAK P，LANDAU D P. Dynamical critical behavior of the three-dimensional Heisenberg model[J]. Physical Review B，1993，47(21)：14260-14266.

[8] EYINK J，HEGERATH A. Measurement of total photonuclear cross sections in the Δ—resonance region [J]. Nuclear Physics A，1981(A358)：367-369.

[9] ESTRIN Y. Unified constitutive laws of plastic Deformation[M]. London：Academic Press，1996.

[10] PECZAK P, LUTON M J. Monte Carlo study of the influence of dynamic recovery on dynamic recrystallization[J]. Acta Metallurgica, 1993, 41(1): 59-71.

[11] DING R, GUO Z X. Microstructural evolution of a Ti-6Al-4V alloy during β-phase processing: experimental and simulative investigations[J]. Materials Science and Engineering, 2004(A365): 172-179.

[12] PECZAK P, LUTON M J. The effect of nucleation models on dynamic recrystallization I. Homogeneous stored energy distribution[J]. Phil. Ma. B, 1993, 68(1):115-144.

[13] MECKING H, KOCKS U F. Kinetics of flow and strain-hardening[J]. Acta Metall. , 1981, 29(11): 1865-1875.

[14] 孙景宏,刘雅政,周乐育. 0.02 %C 钢深冲板 St15 再结晶退火织构演变的模拟[J]. 特殊钢,2004,25(5):35-38.

[15] 毛卫民,赵新兵. 金属的再结晶与晶粒长大[M]. 北京:冶金工业出版社,1994.

[16] XIAO H, XIE H B, YAN Y H. ,et al. Simulation of dynamic recrystallization using cellular[J]. Automaton Method. J. Iron& Steel Res. Int. ,2004,11(2):42-45.

[17] 肖宏 ,柳本润. 采用 Cellular automaton 法模拟动态再结晶过程的研究[J]. 机械工程学报,2005,41(2):148-152.

[18] 花福安,杨院生,郭大勇,等. 基于曲率驱动机制的晶粒生长元胞自动机模型[J]. 金属学报,2004,40(11): 1210-1214.

[19] 夏维国. 晶粒长大动力学的计算机模拟[J]. 株洲工学院学报,2003,17(5):36-41.

[20] LAN Y J, LI D Z, LI Y Y. Modeling austenite decomposition into ferrite at different cooling rate in low-carbon steel with cellular automaton method[J]. Acta Materialia, 2004(52): 1721-1729.

[21] DONG H B, YANG X L, LEE P D, et al. Simulation of equiaxed growth ahead of an advancing columnar front in directionally solidified Ni-based superalloys[J]. Journal of Materials Science,2004(39):7207-7212.

[22] SEE D, ATWOOD R C, LEE P D. A comparison of three modeling approaches for the prediction of microporosity in aluminum-silicon alloys[J]. J. Mater. Sci. , 2001, 36 (14):34-35.

[23] WANG W, LEE P D,McLEAN M. A model of solidification microstructures in nickel-based superalloys: predicting primary dendrite spacing selection[J]. Acta. Mater. , 2003, 51(10): 71-87.

[24] WANG W, KERMANPUR A, LEE P D. Simulation of dendritic growth in the platform region of single crystal superalloy turbine blades[J]. J. Mate. Sci. , 2003, 38 (21):4385-4391.

[25] ATWOOD RC, LEE P D. A three-phase model of hydrogen pore formation during the

equiaxed dendritic solidification of aluminum-silicon alloys[J]. Metall. Mater. Trans. B: Process Metallurgy and Materials Processing Science, 2002, 33(2):209-221.

[26] LEE P D, ATWOOD R C, DASHWOOD R J. Modeling of porosity formation in direct chill cast aluminum-magnesium alloys[J]. Mater. Sci. Eng. A, 2002,328(1):213-222.

第5章 有限元法

所谓有限元方法，就是在变分方法中用剖分的插值给出子空间 V_Ω，把求解区域看作是由许多小的在接点处互相连接的子域（单元）所构成，其模型给出基本方程的分片（子域）近似解。由于单元（子域）可以被分割成各种形状和大小不同的部分，所以它能很好地适应复杂的几何形状、材料特征和边界条件，再加上它由成熟的大型软件系统支持，使其已成为一种非常受欢迎的应用极广的数值计算方法。

有限元法的基本前提是：将连续求解域离散为一组有限个单元的组合体，这样的组合体能近似地模拟或逼近求解区域。由于单元能按各种不同的连接方式组合在一起，且单元本身又可以具有不同的几何形状，因此可以模拟形状复杂的求解域；有限元法作为一种数值分析法的另一个重要步骤是，利用在每个单元内假设的近似函数来表示全求解域上待求的未知场函数。单元内近似函数通常由未知场函数在单元各个节点上的数值以及插值函数表达。这样一来在一个问题的有限元分析中，未知场函数的节点值就成为新的未知量，从而使一个连续的无限自由度问题变为离散的有限自由度问题。只要求解出这些未知量，就可以利用插值函数确定单元组合体上的场函数。显然，随着单元数目的增加及单元尺寸的缩小，解的近似程度将不断改进，如果单元满足收敛性要求，其近似解最后将收敛于精确解。

有限元法已被应用于固体力学、热传导、电磁学、声学、生物力学等各个领域，能求解由杆、梁、板、壳、块体等各类单元构成的弹性（线性和非线性）、弹塑性或塑性问题（包括静力和动力问题）；能求解各类场分布问题（流体场、温度场、电磁场等的稳态和瞬态问题）；能求解水流管路、电路、润滑、噪声及固体、流体、温度相互作用的问题。

有限元法求解过程大致如下：首先是借助变分原理或加权余量将控制方程转变成有限元的出发方程，再将区域剖分成若干单元（即有限元），经单元分析，得到单元的特征方程，再经总体合成，得到总体有限元特征方程。它是一个代数方程组，最后在一定的边界条件下求解这个代数方程组，便得到问题的最终解。

5.1　有限元法的解题步骤

综合前面的分析,有限元法分析问题的步骤如下:

1. 结构理想化

理想化的目的是将真实结构简化为力学模型。为此必须引入一些假设,例如,用平面代替曲面、用等厚度代替变厚度、用无锥度代替有锥度等几何形状的理想化;再如用铰接固接及弹性支撑来近似替代结构内部的连接或边界约束,此外对载荷进行某些变化。经上述简化得到理想化模型,计算中就使用该理想化模型。

2. 建立有限元出发方程

这是有限元求解数学物理问题的出发点,有限元出发方程的建立有两条途径:①变分方法,这是通过建立与微分方程等价的泛函极值问题来建立有限元出发方程,在很多情况下微分方程不能满足变分原理的条件,无法建立与微分方程相适应的泛函,因此用变分方法建立有限元出发方程受到一定的限制;②伽辽金法,它是通过微分方程余量的加权来建立有限元出发方程,这是经常使用的方法,特别在变分方法失败的情况下,伽辽金法常会得到比较好的效果。

3. 区域的剖分

区域的剖分是将研究的区域剖分成互不重叠又相互连续的小区域,这些小区域称为单元或称有限元。在区域剖分时不仅有了单元,而且还生成了节点,有限元的求解就表示将整个区域上的连续解转变成在节点上的离散解。

区域的剖分具有很大的灵活性,对于同一区域可以采用不同的剖分。对于一维问题,通常剖分成线段单元;对于二维问题,可剖分成三角形单元、四边形单元;对于三维问题,可以剖分成四面体单元、六面体单元等。对于每一个单元,可以根据需要增加若干节点。

4. 插值函数的确定

单元中的近似函数通常表示成单元的插值函数的线性组合,即

$$u^{(e)} = u_i^{(e)} \phi_i^{(e)} \tag{5.1}$$

式中,$u^{(e)}$ 为单元中的近似函数;$u_i^{(e)}$ 为单元中 i 节点的函数值;$\phi_i^{(e)}$ 为单元中 i 节点的插值函数。

5. 单元分析与总体合成

单元分析就是将单元的近似函数代入单元中的有限元方程而得到单元特征式的过程,该单元特征式含有单元节点未知数。

单元特征式不能独立求解,因为每一个单元都与区域上的其他单元有联系,因此必须将所有单元特征式按照一定的规律累加起来形成总体有限单元特征方程,这就是总体合成。

由总体合成形成的总体有限元特征方程,还需要进行边界条件处理,然后才进行求解。

以上使用有限元法解题的主要步骤针对各种问题还会遇到各种特殊情况,也还有一些处理各种问题的方法和技巧,这里不再叙述。

5.2　计算模型

有限元法计算一个连续的问题时,必须先把这个连续体简化为一个计算模型。如何建立这种模型,由于问题的千变万化,很难找出一般性的规则。对于工程结构问题,计算模型建立得是否适当直接影响计算的成败与繁简。模型不当,即使计算的精度很高,也不会得到合乎实际的结果。

在建立工程结构的计算模型时应考虑以下几个问题:

1. 计算方案

对于所计算的工程力学问题,首先应确定它是属于平面问题、空间问题还是轴对称问题等。否则,就可能把复杂的问题看得太简单,使许多应当考虑的因素没有被考虑到,或者把简单的问题弄得太复杂,可以不考虑的次要因素也没有略去。

2. 对称性

根据计算结构的受力及其相应的变形情况来考虑是否具有对称性,并充分利用对称性,可以大大减少计算容量及其他有关工作量。

3. 单元选择

计算的问题归类后,即可以确定选用哪一类单元,如杆单元、梁单元、平面单元、空间单元及其他特定单元等。在同一类单元内,还存在着选用什么形式的单元问题。例如,选用三角形单元、矩阵单元还是选用相应的曲边形单元等。

对于同一个问题,究竟选用什么单元最好(精度高、收敛快、计算量少),并没有一个成熟的办法,只能根据计算者对单元性质的了解和计算经验,针对具体问题予以运用,有时还需要进行比较试算。

4. 约束条件

不考虑约束条件,就得不到问题的定解。约束条件来自两个方面,即问题本身具有的边界约束和利用对称性转化出来的约束。

5. 计算模型

对计算对象,在计算方案、对称性、单元选择、约束形式等 4 个方面进行分析以后,应将所考虑的结果都在计算模型中显示出来。有了计算模型就能开始程序设计直到计算。

5.3　有限元法在工程中的应用

下面分别举例说明有限元法在一维问题和平面问题中的应用。

5.3.1　一维问题有限元法

考虑下列二阶常微分方程为

$$-\frac{\mathrm{d}^2 u}{\mathrm{d}x^2} + u = a \quad (0 < x < h) \tag{5.2}$$

$$u(0) = u(h) = 0 \tag{5.3}$$

该微分方程的算子为

$$L = -\frac{\mathrm{d}^2 u}{\mathrm{d}x^2} + 1$$

它显然是线性算子,可以证明在这里它还是对称正算子。根据前面的解题步骤,分别论述如下[1]。

1. 建立有限元出发方程

可用两种办法来建立有限元出发方程。

(1) 变分法建立有限元出发方程。

由于 L 是线性、对称正算子,满足米赫林定理的条件,因此根据米赫林定理,方程(5.2)的泛函为

$$J = \langle L(u), u \rangle - 2\langle a, u \rangle$$

将 L 代入上式,并考虑式(5.3)有

$$J = \int_0^h \left[(\frac{\mathrm{d}u}{\mathrm{d}x})^2 + u^2 - 2au \right] \mathrm{d}x$$

因此,变分有限元出发方程为

$$\delta J = \int_0^h (\frac{\mathrm{d}u}{\mathrm{d}x} \frac{\mathrm{d}\delta u}{\mathrm{d}x} + u\delta u - a\delta u) \mathrm{d}x = 0 \tag{5.4}$$

(2) 用伽辽金法建立有限元出发方程。

伽辽金法的一般积分表达式为

$$\int_0^h (-\frac{d^2 u}{dx^2} + u - a)\delta u \, dx = 0 \qquad (5.5)$$

在有限元中经常采用弱解形式,为此对式(5.5)进行分部积分,并注意在端点值固定,$\delta u = 0$,可得到下列伽辽金的弱解形式,即

$$\int_0^h (\frac{du}{dx} \frac{d\delta u}{dx} + u\delta u - a\delta u) \, dx = 0 \qquad (5.6)$$

2. 区域剖分

将区域剖分成若干线段单元,如图5.1所示。在一般情况下每个单元的长度不一定相等,在物理量变化激烈的地方可以布置密些。

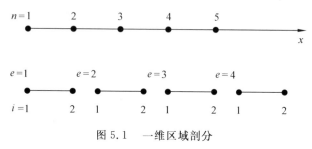

图 5.1   一维区域剖分

单元剖分后布置节点,进行编号,序号有3种。

(1) 单元号:整个区域用 e 表示单元号,$e = 1, 2, \cdots, E$。E 是总单元数,本例分4个单元,$E = 4$。

(2) 总体节点号:按整个区域将所有节点统一编号,用 n 表示总体节点号,$n = 1, 2, \cdots, N$。N 是总节点数,本例中 $N = 5$。

(3) 单元节点号:对每个单元按统一的顺序(顺时针或逆时针)编号,i 表示单元节点号,$i = 1, 2, \cdots, I$。I 是单元内部节点总数,本例取双节点线段单元,$I = 2$。

这样,区域中每个节点都有两个序号:在进行单元分析时,采用单元节点序号;在总体合成时,采用总体节点号,它们之间的关系可应用表或图表示。本例中节点号之间的关系可用图5.1表示,也可以见表5.1。

此外,还应把各节点的坐标位置列出,作为计算机的输入量,h 表示区域。本例节点坐标值列于表5.2。

在单元剖分时,还应列出本质和自然边界节点号及其数值。本例只有本质边界条件,其数值列于表5.3。

表 5.1 节点号的关系

e n	1	2	3	4
1	1	2	3	4
2	2	3	4	5

表 5.2 节点坐标值

n	1	2	3	4	5
x	0	$0.25h$	$0.5h$	$0.75h$	h

表 5.3 本质边界条件

n	1	5
边界值	0	0

3. 插值函数的确定

由于采用二节点线段单元,单元自由度为 2,插值函数的项数是两项,故插值函数可写为

$$\phi_i^{(e)} = a_i + b_i x \quad (i=1,2) \tag{5.7a}$$

根据插值条件有

$$a_i + b_i x_i = 1 \tag{5.7b}$$

$$a_i + b_i x_j = 0 \tag{5.7c}$$

由式(5.7b) 和式(5.7c) 求出 a_i 和 b_i,代入式(5.7a) 得到插值函数式为

$$\phi_i^{(e)} = \frac{x_j^{(e)} - x}{x_j^{(e)} - x_i^{(e)}} \quad (i,j=1,2; i \neq j) \tag{5.8}$$

这样单元 e 中近似函数的表达式由式(5.1) 和式(5.8) 得

$$u^{(e)} = \frac{1}{\Delta h} \left[u_1^{(e)} (x_2^{(e)} - x) - u_2^{(e)} (x_1^{(e)} - x) \right] \tag{5.9}$$

其中,$\Delta h = x_2^{(e)} - x_1^{(e)}$。

在有限元分析中通常采用无量纲的局部坐标更为方便,令

$$\xi = \frac{x - x_1^{(e)}}{x_2^{(e)} - x_1^{(e)}} \tag{5.10}$$

则

$$\phi_1^{(e)} = 1 - \xi \tag{5.11a}$$

$$\phi_2^{(e)} = \xi \tag{5.11b}$$

$$u^{(e)} = u_1^{(e)} (1-\xi) + u_2^{(e)} \xi \tag{5.12}$$

4. 单元分析

因为

$$\int_0^h \left(\frac{\mathrm{d}u}{\mathrm{d}x} \frac{\mathrm{d}\delta u}{\mathrm{d}x} + u\delta u - \alpha\delta u \right) \mathrm{d}x =$$

$$\sum_{e=1}^E \int_{x_1^{(e)}}^{x_2^{(e)}} \left(\frac{\mathrm{d}u^{(e)}}{\mathrm{d}x} \frac{\mathrm{d}\delta u^{(e)}}{\mathrm{d}x} + u^{(e)} \delta u^{(e)} - \alpha\delta u^{(e)} \right) \mathrm{d}x = 0$$

这样就有了属于单元的有限元方程,即

$$\int_{x_1^{(e)}}^{x_2^{(e)}} \left(\frac{\mathrm{d}u^{(e)}}{\mathrm{d}x} \frac{\mathrm{d}\delta u^{(e)}}{\mathrm{d}x} + u^{(e)} \delta u^{(e)} - \alpha \, \delta u^{(e)} \right) \mathrm{d}x = 0 \tag{5.13}$$

为了书写方便,以下忽略属于(e)单元的(e)符号。

为了得到单元的有限元特征式,将近似函数(5.1)代入式(5.13)中,有

$$\int_{x_1}^{x_2} \left(\frac{\mathrm{d}\phi_j}{\mathrm{d}x} u_j \, \frac{\mathrm{d}\phi_i}{\mathrm{d}x} \delta u_i + u_j \phi_i \phi_j \delta u_i - a\phi_i \delta u_i \right) \mathrm{d}x = 0$$

由于 δu_i 的任意性,故有

$$\int_{x_1}^{x_2} \left[u_j \left(\frac{\mathrm{d}\phi_i}{\mathrm{d}x} \frac{\mathrm{d}\phi_j}{\mathrm{d}x} + \phi_i \phi_j \right) - a\phi_i \right] \mathrm{d}x = 0$$

则单元特征式为

$$A_{ij}^{(e)} u_j = f_i \tag{5.14}$$

其中

$$A_{ij}^{(e)} = \int_{x_1}^{x_2} \left(\frac{\mathrm{d}\phi_i}{\mathrm{d}x} \frac{\mathrm{d}\phi_j}{\mathrm{d}x} + \phi_i \phi_j \right) \mathrm{d}x \tag{5.15}$$

$$f_i^{(e)} = \int_{x_1}^{x_2} a\phi_i \, \mathrm{d}x \tag{5.16}$$

为了计算系数 $A_{ij}^{(e)}$、$f_i^{(e)}$,采用局部坐标插值函数 ϕ 的表达式(5.11a)和(5.11b),这样

$$A_{ij}^{(e)} = \int_0^1 \left(\frac{1}{\Delta h} \frac{\mathrm{d}\phi_j}{\mathrm{d}\xi} \frac{\mathrm{d}\phi_i}{\mathrm{d}\xi} + \Delta h \phi_i \phi_j \right) \mathrm{d}\xi \tag{5.17}$$

$$f_i^{(e)} = \int_0^1 a\Delta h \phi_i \, \mathrm{d}\xi \tag{5.18}$$

计算的结果为

$$A_{ij}^{(e)} = \begin{bmatrix} \dfrac{1}{\Delta h} + \dfrac{\Delta h}{3} & -\dfrac{1}{\Delta h} + \dfrac{\Delta h}{6} \\[3mm] -\dfrac{1}{\Delta h} + \dfrac{\Delta h}{6} & \dfrac{1}{\Delta h} + \dfrac{\Delta h}{3} \end{bmatrix} \tag{5.19}$$

$$f_i^{(e)} = a\Delta h \begin{bmatrix} \dfrac{1}{2} \\[2mm] \dfrac{1}{2} \end{bmatrix} \tag{5.20}$$

这样单元有限元特征式(5.14)可写为

$$\begin{bmatrix} \dfrac{1}{\Delta h} + \dfrac{\Delta h}{3} & -\dfrac{1}{\Delta h} + \dfrac{\Delta h}{6} \\[3mm] -\dfrac{1}{\Delta h} + \dfrac{\Delta h}{6} & \dfrac{1}{\Delta h} + \dfrac{\Delta h}{3} \end{bmatrix} \begin{bmatrix} u_1^{(e)} \\[2mm] u_2^{(e)} \end{bmatrix} = a\Delta h \begin{bmatrix} \dfrac{1}{2} \\[2mm] \dfrac{1}{2} \end{bmatrix} \tag{5.21}$$

5. 总体合成

将单元有限元方程等加起来就得到总体有限元特征式,即

$$A_{nm}u_m = f_n \qquad (5.22)$$

累加的原则是:e 单元中单元矩阵 $A_{ij}^{(e)}$ 加到总体有限元方程总体矩阵的相应位置 A_{nm} 上,即总体矩阵的 n 行 m 列中。这里 i、j 是单元中单元的节点号,而 n、m 是相对应于单元节点号 i 和 j 的总体节点号。

如图 5.2 所示,两个三角形单元节点的单元编号与总体编号说明了总体合成,由图可知,Ⅰ 单元系数矩阵 $A_{23}^{(1)}$ 的下标 2 表示单元节点编号,对应的总体节点编号为 5;而下标 3 表示单元节点编号对应的总体节点编

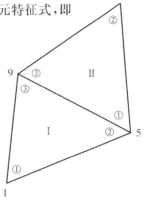

图 5.2 总体合成说明

号为 9。这样,$A_{23}^{(1)}$ 应加到总体矩阵 A_{59} 中,同样 $A_{12}^{(2)} \Rightarrow A_{58}$ 中。单元特征方程右端项 $f_i^{(e)}$,可按同样的办法加到总体矩阵右端项上去。例如,$f_3^{(2)}$ 中的 3 表示 Ⅱ 单元节点编号为 3 的节点,该点对应的总体编号是 9,因此 $f_3^{(2)}$ 应加到总体矩阵 f_9 中。

本例中 $A_{12}^{(2)}$ 是 Ⅱ 单元,单元节点编号为 1 和 2,其相应总体编号是 2 和 3(参见图 5.1),故 $A_{12}^{(2)}$ 应加到矩阵 A_{23} 中,右端项也同样处理,如 $f_2^{(2)}$ 应加到矩阵 f_3。按此规则得到总体有限元特征式如下:

$$
\begin{bmatrix}
A_{11}^{(1)} & A_{12}^{(1)} & & & \\
A_{21}^{(1)} & A_{22}^{(1)}+A_{11}^{(2)} & A_{12}^{(2)} & & \\
& A_{21}^{(2)} & A_{22}^{(2)}+A_{11}^{(3)} & A_{12}^{(3)} & \\
& & A_{21}^{(3)} & A_{22}^{(3)}+A_{11}^{(4)} & A_{12}^{(4)} \\
& & & A_{21}^{(4)} & A_{22}^{(4)}
\end{bmatrix}
\begin{bmatrix}
u_1 \\ u_2 \\ u_3 \\ u_4 \\ u_5
\end{bmatrix} =
$$

$$
\begin{bmatrix}
f_1^{(1)} \\
f_2^{(1)}+f_1^{(2)} \\
f_2^{(2)}+f_1^{(3)} \\
f_2^{(3)}+f_1^{(4)} \\
f_2^{(4)}
\end{bmatrix}
\qquad (5.23a)
$$

即

$$\begin{bmatrix} \dfrac{1}{\Delta h}+\dfrac{\Delta h}{3} & -\dfrac{1}{\Delta h}+\dfrac{\Delta h}{6} \\ \dfrac{1}{\Delta h}+\dfrac{\Delta h}{6} & 2(\dfrac{1}{\Delta h}+\dfrac{\Delta h}{3}) & -\dfrac{1}{\Delta h}+\dfrac{\Delta h}{6} \\ & -\dfrac{1}{\Delta h}+\dfrac{\Delta h}{6} & 2(\dfrac{1}{\Delta h}+\dfrac{\Delta h}{3}) & -\dfrac{1}{\Delta h}+\dfrac{\Delta h}{6} \\ & & -\dfrac{1}{\Delta h}+\dfrac{\Delta h}{6} & 2(\dfrac{1}{\Delta h}+\dfrac{\Delta h}{3}) & -\dfrac{1}{\Delta h}+\dfrac{\Delta h}{6} \\ & & & -\dfrac{1}{\Delta h}+\dfrac{\Delta h}{6} & \dfrac{1}{\Delta h}+\dfrac{\Delta h}{3} \end{bmatrix} \begin{bmatrix} u_1 \\ u_2 \\ u_3 \\ u_4 \\ u_5 \end{bmatrix} =$$

$$a\Delta h \begin{bmatrix} \dfrac{1}{2} \\ 1 \\ 1 \\ 1 \\ \dfrac{1}{2} \end{bmatrix} \tag{5.23b}$$

6. 边界条件的处理

由总体合成形成总体有限元方程后,需引入本质边界条件然后再求解。先考虑一般的总体有限元方程(有限元特征式),即

$$A_{nm}u_M = f_N \tag{5.24}$$

其中

$$A_{nm} = \begin{bmatrix} A_{11} & A_{12} & \cdots & A_{1r} & \cdots & A_{1N} \\ A_{21} & A_{22} & \cdots & A_{2r} & \cdots & A_{2N} \\ \vdots & \vdots & \ddots & & & \vdots \\ A_{r1} & A_{r2} & & A_{rr} & & A_{rN} \\ \vdots & \vdots & & & \ddots & \vdots \\ A_{n1} & A_{n1} & \cdots & A_{nr} & \cdots & A_{nN} \end{bmatrix}$$

$$f_N = \begin{bmatrix} f_1 \\ f_2 \\ \vdots \\ f_r \\ \vdots \\ f_N \end{bmatrix}$$

现假设第 r 节点是本质边界上的节点,边界值为 $\bar{u}_r$,这里介绍两种修正办法:

（1）消行修正法。

首先，将系数矩阵 $\boldsymbol{A}_{NM}$ 中相应 r 的对角线元素 A_{rr} 用 1 代替，并将其所在的行与列的其余元素置为 0。

然后，将列向量 f_n 中第 r 行元素 f_r 改为 $\bar{u}_r$，f_n 其余各元素改写为 $f_n = A_{nr}\bar{u}_r\,(n \neq r)$ 的形式。

修正后的系数矩阵和列向量如下

$$\boldsymbol{A}_{NM} = \begin{bmatrix} A_{11} & A_{12} & \cdots & A_{1,r-1} & 0 & A_{1,r+1} & \cdots & A_{1N} \\ A_{21} & A_{22} & \cdots & A_{2,r-1} & 0 & A_{2,r+1} & \cdots & A_{2N} \\ \vdots & \vdots & & \vdots & \vdots & & & \vdots \\ A_{r-1,1} & A_{r-1,2} & \cdots & A_{r-1,r-1} & 0 & A_{r-1,r+1} & \cdots & A_{r-1,N} \\ 0 & 0 & & 0 & 1 & 0 & & 0 \\ A_{r+1,1} & A_{r+1,2} & \cdots & A_{r+1,r-1} & 0 & A_{r+1,r+1} & \cdots & A_{r+1,N} \\ \vdots & \vdots & & \vdots & \vdots & & \ddots & \vdots \\ A_{n1} & A_{n2} & \cdots & A_{n,r-1} & 0 & A_{n,r+1} & \cdots & A_{nN} \end{bmatrix}$$

$$f_N = \begin{bmatrix} f_1 - A_{1r}\bar{u}_r \\ f_2 - A_{2r}\bar{u}_r \\ \vdots \\ f_{r-1} - A_{r-1,r}\bar{u}_r \\ \bar{u}_r \\ f_{r+1} - A_{r+1,r}\bar{u}_r \\ \vdots \\ f_n - A_{n,r}\bar{u}_r \end{bmatrix}$$

如果本质边界上有两个以上的节点，则按上述方法逐个进行修正。

（2）对角线扩大法。

首先，将系数矩阵 $\boldsymbol{A}_{NM}$ 中相应 r 的对角线元素 A_{rr} 乘以一个大数（如 10^{20}），其余所有元素不动。

然后，将右端列向量 f_N 中相应 f_r 的元素改写为 $10^{20}A_{rr}\bar{u}_r$。

经上述方法修正后的系数矩阵及列向量如下：

$$\boldsymbol{A}_{NM} = \begin{bmatrix} A_{11} & A_{12} & \cdots & & A_{1N} \\ A_{21} & A_{22} & \cdots & & A_{2N} \\ \vdots & & & & \vdots \\ \vdots & & \cdots & 10^{20}A_{rr} & \\ & & & & \vdots \\ A_{n1} & A_{n2} & \cdots & & A_{nN} \end{bmatrix}$$

$$f_{\dot{N}} = \begin{bmatrix} f_1 \\ \vdots \\ 10^{20} A_{rr} \bar{u}_r \\ \vdots \\ f_n \end{bmatrix}$$

如果本质边界节点为两个以上,也按此方法逐个进行修正。

对于本例按照方法(2)(即对角线扩大法)来处理。在本例中只有总体编号 1 和 5 节点是本质边界节点,其值均为零,根据对角线扩大法原则,式(5.23b)系数矩阵 A_{11} 和 A_{55} 分别乘以 10^{20},其余不变,同时将 f_1 和 f_5 改写为 0(因 $\bar{u}_1 = \bar{u}_5 = 0$),这样修正后的总体有限元方程为

$$\begin{bmatrix} (\frac{1}{\Delta h} + \frac{\Delta h}{3}) \cdot 10^{20} & -\frac{1}{\Delta h} + \frac{\Delta h}{6} & & & \\ \frac{1}{\Delta h} + \frac{\Delta h}{6} & 2(\frac{1}{\Delta h} + \frac{\Delta h}{3}) & -\frac{1}{\Delta h} + \frac{\Delta h}{6} & & \\ & -\frac{1}{\Delta h} + \frac{\Delta h}{6} & 2(\frac{1}{\Delta h} + \frac{\Delta h}{3}) & -\frac{1}{\Delta h} + \frac{\Delta h}{6} & \\ & & -\frac{1}{\Delta h} + \frac{\Delta h}{6} & 2(\frac{1}{\Delta h} + \frac{\Delta h}{3}) & -\frac{1}{\Delta h} + \frac{\Delta h}{6} \\ & & & -\frac{1}{\Delta h} + \frac{\Delta h}{6} & 10^{20} \cdot (\frac{1}{\Delta h} + \frac{\Delta h}{3}) \end{bmatrix}$$

$$\begin{bmatrix} u_1 \\ u_2 \\ u_3 \\ u_4 \\ u_5 \end{bmatrix} = a\Delta h \begin{bmatrix} 0 \\ 1 \\ 1 \\ 1 \\ 0 \end{bmatrix} \tag{5.25}$$

7. 有限元方程的求解

经引入本质边界条件后的总体有限元方程(5.25),在给出 Δh 的具体值后进行求解,最后得到节点的未知变量值。

5.3.2 平面问题有限元法

1. 两类平面问题

所谓平面问题是指下述两类弹性力学问题[2]。

(1) 平面应力问题。

如图 5.3(a)所示,该深梁厚度为 l,很薄且载荷又都作用在 Oxy 平面内(即板平面内),并沿 z 轴均匀分布。因此,可以认为 z 轴方向的应力分量等于 0。

其应力状态特点是 $\sigma_z = 0$，$\tau_{yz} = \tau_{zy} = 0$；而只有 σ_x、σ_y 和 τ_{xy}，且它们只是 x 和 y 的函数。这类问题称为平面应力问题。

（2）平面应变问题。

如图 5.3（b）所示，由于该梁长度比横截面尺寸大得多，且载荷又都作用在 Oxy 平面内，并沿 z 轴均匀分布。因此，可以认为沿 z 轴方向的位移等于 0。计算时，可以取出厚度 l 为单位 1 的垂直于 z 轴的薄片进行受力分析。其变形特点是 $\varepsilon_z = 0$，$\gamma_{yz} = \gamma_{zy} = 0$，而其应力状态特点是 $\tau_{yz} = \tau_{zy} = 0$，$\sigma_z \neq 0$。在 Oxy 平面内只有 σ_x、σ_y 和 τ_{xy}，且它们都是 x 和 y 的函数，这类问题称为平面应变问题。

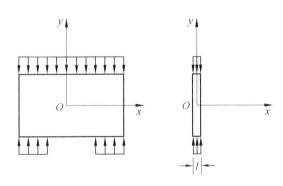

(a) 平面应力问题

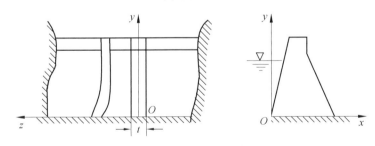

(b) 平面应变问题

图 5.3　平面应力问题与平面应变问题

这两类问题具有以下共性：外载荷都在 Oxy 平面内，沿 z 轴均匀分布，$\tau_{yz} = \tau_{zy} = 0$；在该平面内都只有 σ_x、σ_y 和 τ_{xy} 3 个应力分量，且它们都只是 x 和 y 的函数，所以把上述都称为平面问题。这两类问题只是物理方程不同。

任何连续体总是处于空间受力状态，因而任何实际问题都是空间（三维）问题。但是在上述两种情况下，可以把空间问题近似地按平面问题处理，这样使计算简单化。

2. 单元划分方法

（1）单元的形状。

常用的平面单元的形状如图 5.4 所示，它们的特点是单元的节点数越多，其计算精度越高；三角形单元与等参元可适应任意边界。

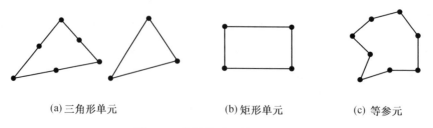

(a)三角形单元　　　　　　　(b)矩形单元　　　　　(c)等参元

图 5.4　常用的平面单元的形状

（2）划分原则。

① 划分单元的个数，单元分得越多，块越小，精度越高，但需要的计算机容量越大。因此，需根据实际情况而定。

② 划分单元的大小，可根据部位不同有所不同。在位移或应力变化大的部位取的单元要小；在位移或应力变化小的部位取的单元要大。在边界比较曲折的部位单元要小；在边界比较平滑的部位单元要大，如图 5.5 所示。

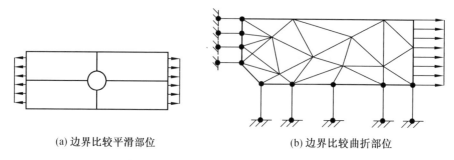

(a)边界比较平滑部位　　　　　　　　(b)边界比较曲折部位

图 5.5　按应力变化率而定的单元大小

③ 划分单元的形状，一般可取成三角形或等参元，对平直边界可取成矩形单元，有时也可以将不同单元混合使用（图 5.6），但要注意，必须节点与节点相连，切莫让节点与单元的边相连。

④ 单元各边的长度不要相差太大,否则将影响求解精度。

⑤ 尽量把集中力或集中力偶的作用点取为节点,如图 5.6 所示。

⑥ 尽量利用对称性,以减少计算量,如图 5.5 所示。

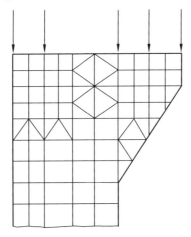

图 5.6　混合使用的不同形状的单元

3.三角形单元

(1)位移函数。

如图 5.7 所示,任意三角形单元的 3 个节点的局部码为 1、2、3,以逆时针为序;其节点坐标为 (x_1,y_1)、(x_2,y_2)、(x_3,y_3),其节点位移为 (u_1,v_1)、(u_2,v_2)、(u_3,v_3)。

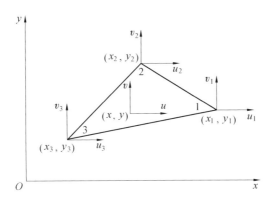

图 5.7　三角单元的位移

设该单元内任一点 (x,y) 处的位移函数为

$$\left.\begin{aligned} u(x,y) &= \alpha_1 + \alpha_2 x + \alpha_3 y \\ v(x,y) &= \alpha_4 + \alpha_5 x + \alpha_6 y \end{aligned}\right\} \tag{5.26}$$

将节点坐标值和位移值代入式(5.26),有

$$
\left.
\begin{aligned}
u_1(x,y) &= \alpha_1 + \alpha_2 x_1 + \alpha_3 y_1 \\
u_2(x,y) &= \alpha_1 + \alpha_2 x_2 + \alpha_3 y_2 \\
u_3(x,y) &= \alpha_1 + \alpha_2 x_3 + \alpha_3 y_3
\end{aligned}
\right\}
\tag{5.27}
$$

$$
\left.
\begin{aligned}
v_1(x,y) &= \alpha_4 + \alpha_5 x_1 + \alpha_6 y_1 \\
v_2(x,y) &= \alpha_4 + \alpha_5 x_2 + \alpha_6 y_2 \\
v_3(x,y) &= \alpha_4 + \alpha_5 x_3 + \alpha_6 y_3
\end{aligned}
\right\}
\tag{5.28}
$$

若节点位移和节点坐标值均已知,则由式(5.27)可解出 α_1、α_2、α_3,由式 (5.28)可解出 α_4、α_5、α_6,即

$$
\left.
\begin{aligned}
\alpha_1 &= \frac{1}{2A}(a_1 u_1 + a_2 u_2 + a_3 u_3) \\[1ex]
\alpha_2 &= \frac{1}{2A}(b_1 u_1 + b_2 u_2 + b_3 u_3) \\[1ex]
\alpha_3 &= \frac{1}{2A}(c_1 u_1 + c_2 u_2 + c_3 u_3) \\[1ex]
\alpha_4 &= \frac{1}{2A}(a_1 v_1 + a_2 v_2 + a_3 v_3) \\[1ex]
\alpha_5 &= \frac{1}{2A}(b_1 v_1 + b_2 v_2 + b_3 v_3) \\[1ex]
\alpha_6 &= \frac{1}{2A}(c_1 v_1 + c_2 v_2 + c_3 v_3)
\end{aligned}
\right\}
\tag{5.29}
$$

式中

$$
\left.
\begin{aligned}
a_1 &= x_2 y_3 - x_3 y_2, & b_1 &= y_2 - y_3, & c_1 &= x_3 - x_2 \\
a_2 &= x_3 y_1 - x_1 y_3, & b_2 &= y_3 - y_1, & c_2 &= x_1 - x_3 \\
a_3 &= x_1 y_2 - x_2 y_1, & b_3 &= y_1 - y_2, & c_3 &= x_2 - x_1
\end{aligned}
\right\}
\tag{5.30}
$$

$$
A = \frac{1}{2}
\begin{vmatrix}
1 & x_1 & y_1 \\
1 & x_2 & y_2 \\
1 & x_3 & y_3
\end{vmatrix}
= \frac{1}{2}(x_1 y_2 + x_2 y_3 + x_3 y_1 - x_1 y_3 - x_2 y_1 - x_3 y_2)
$$

其中,A 是三角单元的面积。

将式(5.29)中的 $\alpha_i(i=1,2,\cdots,6)$ 值代入式(5.26),并以节点位移为参数 进行整理,则式(5.26)变为

$$u(x,y)=\frac{1}{2A}(a_1+b_1x+c_1y)u_1+\frac{1}{2A}(a_2+b_2x+c_2y)u_2+$$
$$\frac{1}{2A}(a_3+b_3x+c_3y)u_3$$
$$v(x,y)=\frac{1}{2A}(a_1+b_1x+c_1y)v_1+\frac{1}{2A}(a_2+b_2x+c_2y)v_2+$$
$$\frac{1}{2A}(a_3+b_3x+c_3y)v_3$$

$$(5.31)$$

令

$$N_1=\frac{1}{2A}(a_1+b_1x+c_1y)$$
$$N_2=\frac{1}{2A}(a_2+b_2x+c_2y)$$
$$N_3=\frac{1}{2A}(a_3+b_3x+c_3y)$$

$$(5.32)$$

则式(5.31)变为

$$u(x,y)=N_1u_1+N_2u_2+N_3u_3$$
$$v(x,y)=N_1v_1+N_2v_2+N_3v_3$$

$$(5.33)$$

令

$$\boldsymbol{W}=\begin{pmatrix}u(x,y)\\v(x,y)\end{pmatrix};\boldsymbol{N}=\begin{bmatrix}N_1&0&N_2&0&N_3&0\\0&N_1&0&N_2&0&N_3\end{bmatrix};\boldsymbol{\delta}^e=\begin{bmatrix}u_1\\v_1\\u_2\\v_2\\u_3\\v_3\end{bmatrix}$$

则式(5.33)变为

$$\boldsymbol{W}=\boldsymbol{N}\boldsymbol{\delta}^e \tag{5.34}$$

这就是以节点位移表示的三角形单元的位移函数。其中 N_1、N_2、N_3 是形状函数，它们都是平面(u、v 均是 (x,y) 的一次函数)，其特点是在本节点(点 1)N_1 的值是 1,在其他节点(点 2 点 3)的值为 0,如图 5.8 所示。N_2、N_3 依此类推。

(2)单元刚度矩阵。

由节点位移求应变、应力和单元节点力(单元刚度矩阵)。

① 由节点位移求应变。由应变公式有

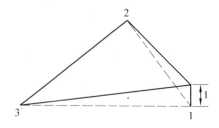

图 5.8　N_1 所描述的形状

$$\left.\begin{aligned}\varepsilon_x &= \frac{1}{2A}(b_1 u_1 + b_2 u_2 + b_3 u_3) \\[4pt] \varepsilon_y &= \frac{1}{2A}(c_1 v_1 + c_2 v_2 + c_3 v_3) \\[4pt] \tau_{xy} &= \frac{1}{2A}(c_1 u_1 + c_2 u_2 + c_3 u_3) + (b_1 v_1 + b_2 v_2 + b_3 v_3)\end{aligned}\right\} \qquad (5.35)$$

写成矩阵形式为

$$\begin{bmatrix}\varepsilon_x \\ \varepsilon_y \\ \gamma_{xy}\end{bmatrix} = \frac{1}{2A}\begin{bmatrix}b_1 & 0 & b_2 & 0 & b_3 & 0 \\ 0 & b_1 & 0 & b_2 & 0 & b_3 \\ c_1 & b_1 & c_2 & b_2 & c_3 & b_3\end{bmatrix}\begin{bmatrix}u_1 \\ v_1 \\ u_2 \\ v_2 \\ u_3 \\ v_3\end{bmatrix} \qquad (5.36)$$

令

$$\boldsymbol{\varepsilon} = \begin{bmatrix}\varepsilon_x \\ \varepsilon_y \\ \gamma_{xy}\end{bmatrix} ; \boldsymbol{B} = \frac{1}{2A}\begin{bmatrix}b_1 & 0 & b_2 & 0 & b_3 & 0 \\ 0 & b_1 & 0 & b_2 & 0 & b_3 \\ c_1 & b_1 & c_2 & b_2 & c_3 & b_3\end{bmatrix} \qquad (5.37)$$

则式(5.36)变为

$$\boldsymbol{\varepsilon} = \boldsymbol{B}\,\boldsymbol{\delta}^e \qquad (5.38)$$

该应变为常应变,即在单元内各点应变均为一个常数,这是由于所设位移函数是线性函数的缘故。

②由节点位移求应力。将式(5.38)代入应力公式有

$$\boldsymbol{\sigma} = \boldsymbol{DB}\boldsymbol{\delta}^e \qquad (5.39)$$

令

$$\boldsymbol{S} = \boldsymbol{DB} \qquad (5.40)$$

则式(5.39)变为

$$\boldsymbol{\sigma} = \boldsymbol{S}\,\boldsymbol{\delta}^e \qquad (5.41)$$

因为 D、B 均为常数,所以在单元内 $\boldsymbol{\sigma}$ 为常数,故称三角单元为常应力单元。

③ 由节点位移求节点力(单元刚度矩阵)。借助于虚位移原理求单元节点力。

图 5.9(a)为平面内任意一个三角形单元,设平面受力后 3 个节点产生位移 u_1、v_1、u_2、v_2、u_3、v_3(其内部各点的位移由位移函数决定),同时产生节点力 U_1、V_1、U_2、V_2、U_3、V_3(节点位移与节点力用同一箭头表示),而其内应力为 $\boldsymbol{\sigma}$,即 $\boldsymbol{\sigma} = \boldsymbol{DB\delta}^e$。现给该单元一个虚位移(图 5.9(b)),此时,3 个节点将发生虚位移 δu_1、δv_1、δu_2、δv_2、δu_3、δv_3,内部将产生虚应变,即

$$\delta\boldsymbol{\varepsilon} = \boldsymbol{B}\delta\boldsymbol{\delta}^e \qquad (5.42)$$

式中
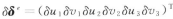
$$\delta\boldsymbol{\delta}^e = (\delta u_1\,\delta v_1\,\delta u_2\,\delta v_2\,\delta u_3\,\delta v_3)^{\mathrm{T}}$$

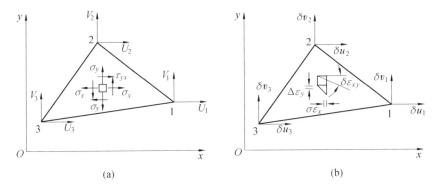

图 5.9 三角单元的节点力、内应力与其对应的虚位移与虚应变

该三角单元的外力虚功为

$$\boldsymbol{W}_{\text{ext}} = \delta u_1 U_1 + \delta v_1 V_1 + \delta u_2 U_2 + \delta v_2 V_2 + \delta u_3 U_3 + \delta v_3 V_3 = \delta\boldsymbol{\delta}^{e\mathrm{T}}\boldsymbol{F}^e \qquad (5.43)$$

式中
$$\boldsymbol{F}^e = (U_1 V_1 U_2 V_2 U_3 V_3)^{\mathrm{T}}$$

由式(5.39)和式(5.42)可求得该三角单元的内力虚功为

$$\boldsymbol{W}_{\text{int}} = \int_{V_e} \delta\boldsymbol{\delta}^{e\mathrm{T}} \boldsymbol{B}^{\mathrm{T}} \boldsymbol{DB\delta}^e \mathrm{d}V \qquad (5.44)$$

根据虚位移原理利用式(5.43)和式(5.44)可求得

$$\delta\boldsymbol{\delta}^{e\mathrm{T}} \boldsymbol{F}^e = \int_{V_e} \delta\boldsymbol{\delta}^{e\mathrm{T}} \boldsymbol{B}^{\mathrm{T}} \boldsymbol{DB\delta}^e \mathrm{d}V \qquad (5.45)$$

若单元厚度为 t,面积为 Λ,再将 $\delta\boldsymbol{\delta}^{e\mathrm{T}}$、$\boldsymbol{\delta}^e$ 提到积分号外,式(5.45)变为

$$\delta\boldsymbol{\delta}^{e\mathrm{T}} \boldsymbol{F}^e = \delta\boldsymbol{\delta}^{e\mathrm{T}} \int_{\Lambda_e} \boldsymbol{B}^{\mathrm{T}} \boldsymbol{DB}t\,\mathrm{d}x\,\mathrm{d}y\boldsymbol{\delta}^e \qquad (5.46)$$

由于 $\delta\boldsymbol{\delta}^{e^{\mathrm{T}}}$ 的任意性,故有下式成立,即

$$\boldsymbol{F}^{e} = \int_{A_{e}} \boldsymbol{B}^{\mathrm{T}} \boldsymbol{D} \boldsymbol{B} t \, \mathrm{d}x \, \mathrm{d}y \boldsymbol{\delta}^{e} \qquad (5.47)$$

若令

$$\boldsymbol{K}^{e} = \int_{A_{e}} \boldsymbol{B}^{\mathrm{T}} \boldsymbol{D} \boldsymbol{B} t \, \mathrm{d}x \, \mathrm{d}y = \boldsymbol{B}^{\mathrm{T}} \boldsymbol{D} \boldsymbol{B} \cdot t \cdot A \qquad (5.48)$$

则

$$\boldsymbol{F}^{e} = \boldsymbol{K}^{e} \boldsymbol{\delta}^{e} \qquad (5.49)$$

式(5.49)就是节点力矩阵表达式,而式(5.48)就是三角单元的单元刚度矩阵,因为是在整体坐标下推导的,无须再进行坐标转换。

(3) 等效节点荷载的计算。

① 任意集中力的等效节点荷载。如图 5.10 所示,对于任意一个三角单元,于其内部任意一点 M 作用一个集中力 $\boldsymbol{P}$。该单元的 3 个节点处所标的 $U_{10} V_{10}$,$U_{20} V_{20}$,$U_{30} V_{30}$ 是 $\boldsymbol{P}$ 的等效节点荷载,下面求两者之间的关系式。

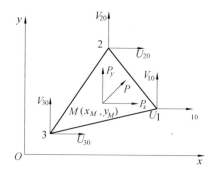

图 5.10 作用集中力 P 的三角单元

先将 $\boldsymbol{P}$ 沿 x、y 轴方向分解,其分力用 P_x、P_y 表示,写成矩阵式为 $\boldsymbol{P} = (P_x P_y)^{\mathrm{T}}$。给三角单元任一虚位移,若 3 个节点的虚位移为

$$\delta\boldsymbol{\delta}^{e} = (\delta\boldsymbol{u}_1 \delta\boldsymbol{v}_1 \delta\boldsymbol{u}_2 \delta\boldsymbol{v}_2 \delta\boldsymbol{u}_3 \delta\boldsymbol{v}_3)^{\mathrm{T}}$$

则点 M 的虚位移可由式(5.34)计算,即 $\delta\boldsymbol{W} = \boldsymbol{N}_M \delta\boldsymbol{\delta}^{e}$。根据虚功等效原则有

$$\delta\boldsymbol{\delta}^{e^{\mathrm{T}}} \boldsymbol{P}_0^{e} = \delta\boldsymbol{\delta}^{e^{\mathrm{T}}} \boldsymbol{N}_M^{\mathrm{T}} \boldsymbol{P}$$

由于 $\delta\boldsymbol{\delta}^{e^{\mathrm{T}}}$ 的任意性,所以有

$$\boldsymbol{P}_0^{e} = \boldsymbol{N}_M^{\mathrm{T}} \boldsymbol{P} \qquad (5.50)$$

将式(5.50)展开得

$$\begin{bmatrix} U_{01} \\ V_{01} \\ U_{02} \\ V_{02} \\ U_{03} \\ V_{03} \end{bmatrix} = \begin{bmatrix} N_1 P_x \\ N_1 P_y \\ N_2 P_x \\ N_2 P_y \\ N_3 P_x \\ N_3 P_y \end{bmatrix}_M \tag{5.51}$$

只要将 $N_i(i=1,2,3)$ 中的 (x,y) 代入点 M 处的 (x_M,y_M) 值,即可由式(5.51)求得等效节点荷载 $\boldsymbol{P}_0^e$。

② 任意分布力的等效节点荷载。设上述单元受有分布力 $\boldsymbol{q}$,其沿 x、y 的分量为 q_x、q_y,可用列阵 $\boldsymbol{q}=(q_x q_y)^{\mathrm{T}}$ 表示。若将微元体 $t\mathrm{d}x\mathrm{d}y$ 上的分布力 $\boldsymbol{q}t\mathrm{d}x\mathrm{d}y$ 当作集中荷载 $\boldsymbol{P}$,即 $\boldsymbol{P}=\boldsymbol{q}t\mathrm{d}x\mathrm{d}y$,利用式(5.50),将其在 q 作用范围内积分就可得到等效节点荷载,即

$$\boldsymbol{P}_0^e = \int_A \boldsymbol{N}^{\mathrm{T}} \boldsymbol{q} t \, \mathrm{d}x \mathrm{d}y \tag{5.52}$$

式中,Λ 为分布力作用的面积。

4. 求单元应力、主应力及方向

(1) 单元应力。

由下列方程求单元应力,即

$$\boldsymbol{\sigma} = \boldsymbol{S} \, \boldsymbol{\delta}^e$$

(2) 主应力及方向。

如图 5.11 所示,可利用应力圆去求,平均应力为

$$\sigma_P = (\sigma_x + \sigma_y)/2 \tag{5.53}$$

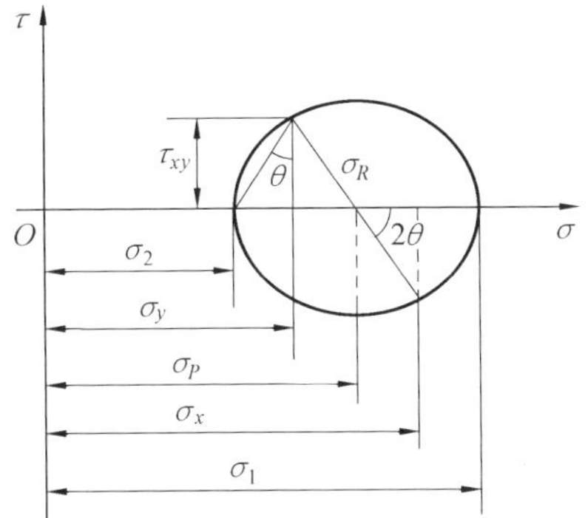

图 5.11 应力圆

应力圆半径为

$$\sigma_R = \sqrt{(\frac{\sigma_r - \sigma_y}{2})^2 + \tau_{xy}^2} \qquad (5.54)$$

最大主应力为

$$\sigma_1 = \sigma_P + \sigma_R \qquad (5.55)$$

最小主应力为

$$\sigma_2 = \sigma_P - \sigma_R \qquad (5.56)$$

主平面角为

$$\theta = \frac{180°}{\pi} \arctan(\frac{\tau_{xy}}{\sigma_y - \sigma_2}) \qquad (5.57)$$

或

$$\theta = 90° - 57.295\ 78 \arctan(\frac{\tau_{xy}}{\sigma_y - \sigma_2}) \qquad (5.58)$$

（3）计算结果整理。

计算结果包括位移和应力。可根据计算出的节点位移分量,就可以画出结构的位移图线。下面仅针对应力计算结果介绍两种整理方法。

① 绕点平均法。绕点平均法就是把环绕某一节点的各单元中的常量应力加以平均,用来代表该节点处的应力。如图 5.12 所示,节点 1 和节点 2 处的应力 σ_x 值的计算方法如下:

$$\sigma_{x1} = \frac{1}{6}(\sigma_{x①} + \sigma_{x②} + \sigma_{x③} + \sigma_{x④} + \sigma_{x⑤} + \sigma_{x⑥})$$

$$\sigma_{x2} = \frac{1}{6}(\sigma_{x⑤} + \sigma_{x⑥} + \sigma_{x⑦} + \sigma_{x⑧} + \sigma_{x⑨} + \sigma_{x⑩})$$

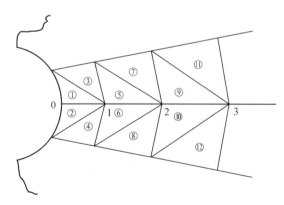

图 5.12　绕点平均法示意图

用绕点平均法计算出来的节点应力,在内节点（如节点 1～3）表征性较好,而在边界线上的节点表征性很差。因此,对于边界线上的节点,通常不用绕点平均法,而用抛物线插值函数去推求。如节点 0 的应力 σ_{x0},也可以用 σ_{x1}、σ_{x2}、

σ_{x3} 的值外插而得。

　　由上述可知,若求某一截面上的应力分布图线,该截面线上至少应当布置 5 个节点。

　　还必须注意,用绕点平均法时,与同一节点相连的各个单元的面积及边界线的夹角都不能相差太大,否则将使整理结果的误差增大。

　　② 二单元平均法。二单元平均法就是把两个相邻单元中的常量应力加以平均,用来代表公共边中点处的应力。如图 5.13 所示,点 B、C 处的应力 σ_x 的计算式为

$$\sigma_{xB} = \frac{1}{2}(\sigma_{x①} + \sigma_{x②})$$

$$\sigma_{xC} = \frac{1}{2}(\sigma_{x②} + \sigma_{x③})$$

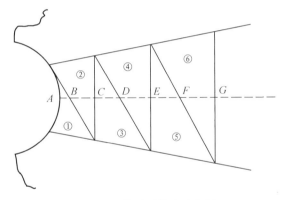

图 5.13　二单元平均法示意图

　　与绕点平均法一样,对于边界上的点 A,其应力仍用外插值法求解。因此,要绘制某截面上的应力分布曲线时,该截面上至少应有 5 个边界中点,划分单元时应该注意这点。

　　二单元平均法也要求相邻单元的面积相差不能太大,否则,将会增大整理结果的误差。另外还须注意,如果相邻单元具有不同的厚度或不同的弹性常数,则在理论上应力应当在单元边界上有突变。因此,二单元平均法只用于厚度和弹性常数均相同的单元中,以免完全失去这种应有的突变。

　　在推算边界节点(绕点平均法)和边界点(二单元平均法)的应力时,可以先推算出应力分量再去求主应力,也可以先求出各内点的主应力再推算边界点的主应力。在一般情况下前者准确性较好,但两者差异并不是很明显。

　　上面介绍的两种整理结果的方法,不只适用于平面问题,对于其他类型的问题(如壳、块体等)也都适用,只不过具体公式不同而已。

5.3.3 有限元法在工程中的应用

1. 对转炉炉壳蠕变的有限元分析

任学平等[3]以某厂 300 t 转炉作为分析模型,在热弹塑蠕变分析数学模型的基础上,建立复合结构壳体蠕变变形的轴对称有限元模型,对转炉炉壳一年的蠕变过程进行了数值仿真。

研究炉壳的蠕变变形需要首先研究炉壳温度场、炉壳的受力条件及炉壳材料的蠕变性质。

(1) 炉体和炉壳温度场求解。

将炉体简化为轴对称体,具体炉体实体模型如图 5.14 所示。另外,当烘炉结束正常生产时,炉体温度场基本处于不变状态,炉体温度场按照稳态温度场考虑。求解时,内部温度按照第 1 类边界条件选取,取为 1 600 ℃,炉壳外表面根据实际测量数据按照第 3 类边界条件选取,模拟得到的炉壳温度沿等效高度分布,如图5.15 所示,其中,等效高度是指以炉底为起点,沿炉壳内外表面方向的长度。

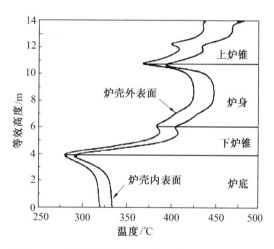

图 5.14　炉体实体模型　　图 5.15　炉壳内外表面温度沿等效高度分布

(2) 炉壳受力边界条件的求解。

炉壳工作中所承受负荷主要是炉衬与炉壳表面之间的接触正压力和炉壳温度分布不均形成的载荷。炉壳温度分布不均形成的温度载荷可作为边界条件直接加到炉壳蠕变的分析模型上,炉衬与炉壳表面之间的接触形成的接触正压力可用有限元法求解。

在进行炉衬与炉壳表面之间的接触正压力有限元求解时,定义炉壳为各向同性材料,遵循 Von Mises 屈服条件,且服从法向流动法则。有限元计算中使用的机械性能参数按照试验值选取。炉衬采用的耐火材料永久层为镁砖,工作层为镁碳砖。计算过程中除泊松比之外,弹性模量和热膨胀系数考虑了不同温度对其的影响。炉衬与炉壳之间的膨胀间隙按实测值选取。得到的接触正压力沿炉壳内表面分布,如图 5.16 所示。求得的接触正压力可作为边界条件加到后面的炉壳蠕变变形的分析模型上。

① 蠕变变形求解方法。转炉炉壳的蠕变变形有限元分析分三步进行:首先,将炉壳从炉体中单独抽出,作为一个独立对象,炉壳的分离过程如图 5.17 所示。然后利用有限元分析的多物理场耦合功能,将得到的炉壳温度场耦合到炉壳蠕变分析的模型上,将炉衬对炉壳内壁的接触正压力作为边界条件加入到炉壳蠕变分析模型上,再考虑材料的蠕变本构方程,对炉壳进行蠕变变形分析。

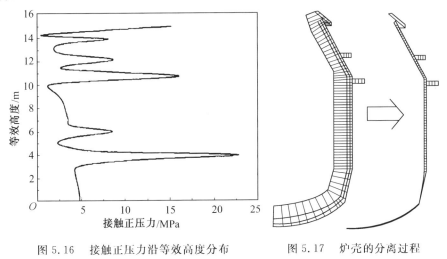

图 5.16　接触正压力沿等效高度分布　　　图 5.17　炉壳的分离过程

② 炉壳蠕变模型选取。采用 ANSYS 软件提供的退火后 21/4Cr-1Mo 低合金钢蠕变模型代替炉壳材料的蠕变模型。对退火 21/4Cr-1Mo 低合金钢,蠕变应变增量的表达式为

$$\Delta\varepsilon_c = C_1(\frac{\partial\varepsilon_c}{\partial t})\Delta t \tag{5.59}$$

式中,C_1 是与材料有关的常数。而蠕变应变 ε_c 在第 1 阶段和第 2 阶段可以使用蠕变方程计算,即

$$\varepsilon_c = \frac{cpt}{1+pt} + \dot{\varepsilon}_m t \tag{5.60}$$

式中,c 表示和蠕变第 1 阶段相关的系数;p 是和蠕变第 1 阶段相关的时间因子;

$\dot{\varepsilon}_m$ 表示第 2 阶段的蠕变应变率。式(5.60)将蠕变应变的两个阶段进行了分开表示。

以上述建立的对应有限元模型为准,得到炉壳初始时和蠕变变形 1 年时间的水平位移(单位为 m)的云图,如图 5.18 所示。其中,炉壳炉身(直线段)的蠕变水平位移值随变形开始、蠕变变形 85 h、蠕变变形 2 285 h(约 3 个月)和蠕变变形 8 760 h(约 1 年)的变化,如图 5.19 所示。

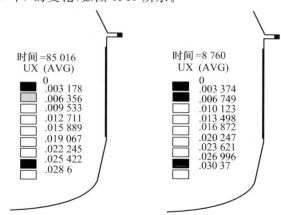

图 5.18　初始时和蠕变变形 1 年时间的蠕变水平位移(m)

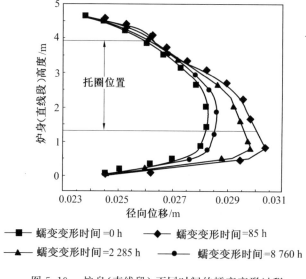

图 5.19　炉身(直线段)不同时间的蠕变变形过程

模拟结果表明:最大的蠕变变形点在炉身下段,最大的净蠕变变形量是 2.41 mm,在 1 年的净蠕变变形时间中,前 3 个月占有较大的比重,即第 1 阶段蠕变的变形量,是蠕变变形量的主要部分。有限元理论计算 1 年净蠕变变形量是:托圈上表面、中部和下表面对应炉壳外表面的位置分别是 0.264 mm,0.948 mm 和 1.87 mm。如果将材料的蠕变损伤考虑进去,托圈部位的炉壳蠕变变形值应在 1.32 ~ 18.7 mm,平均值为 10.01 mm。而实测的托圈部位炉壳 1 年的净蠕变变形量平均每年缩小 11.23 mm,计算平均值(10.01 mm)与实测值(11.23 mm)也较为接近,说明了有限元求解蠕变模型的正确性。

2. 锻模件的弹性模量变化的有限元分析

杨慧等[4] 以有限元分析软件 ANSYS 软件为工具,以普通圆饼类锻模件为原型,就锻模件的弹性模量随温度的变化进行有限元分析。在分析中,利用有限元法将锻模件的型腔划分为若干个单元,通过变分原理得到以节点温度为变量的方程,求解方程组即得到时间和空间上的温度分布,将温度载荷和机械载荷代入应力的有限元分析中,得到锻模件过程中温度场和应力场的数据,从而得到锻模件综合应力与弹性模量之间的对应关系。具体模拟计算过程如下。

(1) 锻模件的弹性模量。

① 弹性模量与弹性变形。在弹性状态下,应变 ε 与弹性模量 E 之间的关系为线性关系,σ 表示锻模件的综合应力,即

$$\sigma = E\varepsilon \tag{5.61}$$

② 温度对弹性模量的影响。在小变形范围内可以认为 $E \propto \dfrac{P}{x}$,温度 T 变化时为

$$\frac{\partial E}{\partial T} \propto \frac{1}{x}\frac{\partial P}{\partial T} - \frac{P}{x^2}\frac{\partial x}{\partial T} \tag{5.62}$$

由式(5.62)可知,一方面是温度影响原子间结合力,原子热振动能量随温度的升高而加大,原子间结合力受到削弱,因此 $\dfrac{\partial P}{\partial T}$ 总是小于 0;另一方面是随温度变化影响物体的体积,在一般情况下物体有正的线膨胀系数,即 $\dfrac{\partial x}{\partial T} > 0$。这样,上式右端为负值,说明金属材料的弹性模量总是随着温度升高而减小。

(2) 锻模件的应力分析。

锻模过程中,锻模温度变化形成的温度应力和在冲击载荷下形成的机械应力对锻模件的损坏起着相互促进的作用,两者的综合作用可用综合应力来描述。

① 温度应力分析。根据能量守恒定律,锻模过程的导热微分方程为

$$\rho c_p \frac{\partial T}{\partial t} = k\left(\frac{\partial^2 T}{\partial x^2} + \frac{\partial^2 T}{\partial y^2} + \frac{\partial^2 T}{\partial z^2}\right) \tag{5.63}$$

式中,T 为物体的瞬态温度;t 为过程进行的时间;k 为材料的导热系数;ρ 为材

料的密度;c_p 为材料的比热容。

将温度、位移和应力的函数都展开进行运算,可得到沿模具深度方向(z 方向)温度应力的最大值为

$$\sigma_{max} = \frac{E\beta}{1-v}\Delta T_{max} \qquad (5.64)$$

② 机械应力分析。在合模阶段,飞边的锻模力为

$$P_b = p_b F_b = S(1.5 + \frac{1}{2}\frac{b}{h})F \qquad (5.65)$$

本体的锻模力为

$$P_D = p_D F_D = S(1.5 + \frac{b}{h} + \frac{1}{12}\frac{D}{h})F_D \qquad (5.66)$$

式中,F_b、F_D 分别为飞边和锻件本体的投影面积;h、b 分别为飞边桥部的高度和宽度;D 为锻件的直径。

在锻模过程中,随着上下模的闭合,一方面金属充满模腔,另一方面多余金属流出模腔成为飞边。而在上下模合模的瞬时,变形金属在垂直方向上有最大的投影面积,而且飞边厚度最薄,故此时所需的变形力最大。图 5.20 为圆饼类锻件锻模时的下模。如图 5.20 所示,将变形力分布作为锻模件型腔表面的力边界条件,利用 ANSYS 软件可得到锻模件的机械应力分布。

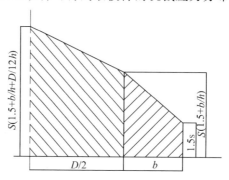

图 5.20 圆饼类锻件锻模时的下模

③ 综合应力分析。锻模的温度应力和机械应力用坐标应力的形式表示出来,把这两种应力按照位置和时刻叠加,并且以等效应力的形式表示出来,就可以得到作用在锻模件上的综合应力:

$$\sigma_h = \frac{1}{\sqrt{2}}\sqrt{(\sigma_x - \sigma_y)^2 + (\sigma_y - \sigma_z)^2 + (\sigma_x - \sigma_z)^2 + 6(\tau_{zy}^2 + \tau_{yx}^2 + \tau_{xz}^2)} \qquad (5.67)$$

$$\sigma_i = \sigma_{iw} + \sigma_{ij}, \tau_i = \tau_{iw} + \tau_{ij}$$

式中,下标 w 表示温度应力;j 表示机械应力。

(3) 锻模过程中的有限元模拟。

在模拟圆饼件锻模之前,在 ANSYS 软件中设置弹性模量随温度的变化曲线,分析计算后得到锻模过程中温度应力和机械应力变化的数据,并且将这些数据叠加得到综合应力的数据,从而得到锻模件内部综合应力场的变化情况。

现将下模作为研究对象;模具材料为 4Cr5MoSiV1,传热系数为 28.051 6 W/(m·℃),线膨胀系数 18.5×10^{-6},比热容为 488 J/(kg·℃),初始温度为 300℃;工件材料为 T10,传热系数为 33.913 1 W/(m·℃),线膨胀系数为 15×10^{-6},比热容为 502 J/(kg·℃);空气对流系数为 65 W/(m²·℃),室温为 20℃,初始温度为 900℃。上下模和工件的剖视图如图 5.21 所示。

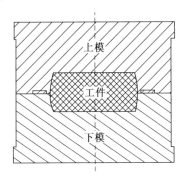

图 5.21　上下模和工件的剖视图　　图 5.22　弹性模量随温度的变化曲线

图 5.22 为弹性模量随温度的变化曲线,其变化值见表 5.4,锻模材料 4Cr5MoSiV1 的弹性模量曲线是曲线 B,参考曲线 A 和 C 中每个温度的弹性模量值则在标准值上增加和减少 1.7×10^{10} Pa。

表 5.4　弹性模量随温度的变化值

温度 /℃		20	300	500	700	900
弹性模量 /(× 10¹¹ Pa)	A	2.27	2.08	1.92	1.75	1.6
	B	2.1	1.91	1.75	1.58	1.43
	C	1.93	1.64	1.58	1.41	1.26

同时根据加工实际,取吸热时间为 3 s。根据锻件的加热温度得到工件的真实应力 $S = 32.815$ MPa,采用主应力法求解得到锻模件型腔各处的机械载荷的分布,如图 5.23 所示。

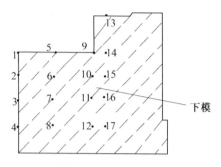

图 5.23　锻模件型腔各处机械载荷的分布

从表 5.5 可以看出,锻模件吸热完成时,从型腔中心处沿轴向和径向,温度应力逐渐减小。随着弹性模量的增加,各节点处的温度应力随之增加。从表 5.6 可以看出,锻模件中心轴上的机械应力值最大。从型腔中心处沿轴向和径向,机械应力逐渐减小。从表 5.7 可以看出,从型腔中心处沿轴向和径向,综合应力逐渐减小。随着弹性模量的增加,各节点处的综合应力也随之增加。节点 1 处的应力增长率分别是 6.42%($B \sim C$)和 6.24%($A \sim B$),而应力与弹性模量平均值的比值分别为 5.898×10^{-3}(曲线 C)、5.597×10^{-3}(曲线 B)和 5.421×10^{-3}(曲线 A)。这说明随着锻模件弹性模量的增大,综合应力增大的速度趋于变慢的。

表 5.5　吸热完成时各节点处的温度应力　　　　　　(× 10 MPa)

节点	1	2	3	4	5	6	7	8	9
A	104.44	27.92	18.02	12.37	71.41	27.95	17.24	10.61	80.13
B	99.68	26.43	16.77	11.37	71.08	26.4	16.08	9.79	73.8
C	93.43	23.9	14.72	9.75	70.59	23.84	14.17	8.46	66.08
节点	10	11	12	13	14	15	16	17	
A	24.14	13.58	6.39	67.85	36.58	21.48	10.2	5.54	
B	22.97	12.85	6.01	65.51	35.06	20.61	9.1	5.23	
C	20.97	11.62	5.37	62.32	32.28	19.04	8.84	4.71	

表 5.6　吸热完成时各节点处的机械应力　　　　　　(× 10 MPa)

节点	1	2	3	4	5	6	7	8	9
机械应力	10.11	5.85	3.68	2.93	9.21	5.83	3.52	2.66	8.3
节点	10	11	12	13	14	15	16	17	
机械应力	5.02	2.81	1.38	7.66	4.5	2.95	2.12	1.14	

表 5.7　　吸热完成时各节点处的综合应力　　　　　　（×10 MPa）

节点	1	2	3	4	5	6	7	8	9
A	104.3	26.54	16.57	14.39	68.02	17.59	11.34	5.69	60.08
B	98.17	26.2	15.25	12.12	65.26	17.23	11.09	4.58	57.11
C	92.25	25.63	13.74	10.69	62.23	16.65	10.51	5.08	51.08
节点	10	11	12	13	14	15	16	17	
A	13.9	5.58	1.86	48.11	32.67	10.37	2.83	1.7	
B	12.62	5.39	1.74	44.78	28.04	9.16	2.69	1.59	
C	11.17	5.07	1.56	42.02	25.48	8.81	2.46	1.43	

　　分析结果表明:综合应力危险值位于模腔内表面附近的区域内,该区域的温度变化也最大;综合应力的大小主要取决于温度应力。因此,锻模选材应着手降低温度应力,而不必苛求其常温下的机械性能。

3. 电子束焊接的有限元分析

　　胡美娟等[5]从电子束焊接有限元模型的建立、热源处理、网格划分等方面,开展对钛合金平板电子束焊接温度场的研究,以期实现对电子束焊缝形状及温度场的准确预测。

　　电子束深熔焊示意图如图 5.24 所示。采用的圆锥形体热源模型如图 5.25 所示,锥形热源沿着 z 轴以速度 v 在 yz 平面移动。假设穿透深度为 h,焊接热源的热效率为 η,圆锥上表面半径为 r,圆锥顶角为 θ,则单位体积的热生成率为

$$q = \frac{\eta UI}{\pi h (\frac{1}{3}\tan^2\theta h^2 + \tan\theta dr + r^2)} \tag{5.68}$$

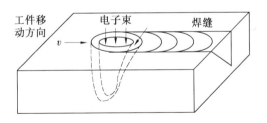

图 5.24　电子束深熔焊示意图

　　圆锥热源的上下表面半径可以通过试验获得,只要将给定的穿透深度和热源功率代入式(5.68)中即可得到圆锥热源单位体积的热生成率。电子束深熔焊温度场模拟步骤如下。

　　(1) 物理模型的建立和网格的划分。

　　直接利用 ANSYS 的前处理模块创建实体模型、几何模型和坐标系,如图

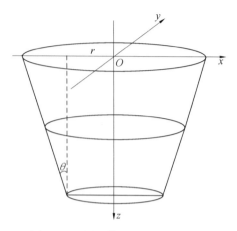

图 5.25　圆锥体热源模型示意图

5.26 所示。由于工件的对称性,可以只取其中的一半(60 mm × 60 mm) 进行建模。材料为 TC4 钛合金,厚度为 12 mm。

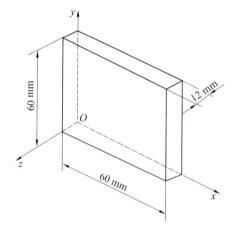

图 5.26　几何模型和坐标系关系

采用过渡映射六面体网格划分,根据线划分的配套模式,首先对面进行过渡网格的划分,然后通过拖拉命令将面拖拉成体,然后进行扫描网格划分,ANSYS 自动在体扫描生成体单元的同时拆除原来的面单元,温度场有限元网格模型如图 5.27 所示。

(2)边界条件和材料热物性参数。

由于只取工件的一半进行建模,焊接的对称面考虑为绝热边界条件,没有施加载荷的边界作为完全绝热处理。电子束焊接在真空室中进行,不存在对流,只考虑热辐射。热分析实体单元本身不能接受辐射表面载荷,必须定义一个外部空间节点用于吸收损失的辐射热量,通过对表面效应单元施加辐射载荷

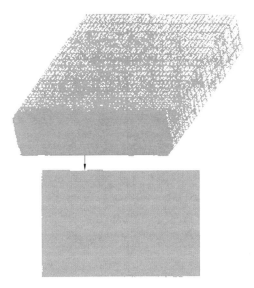

图 5.27　温度场有限元网络模型

来达到对实体单元加载的目的,此处选用三维热表面效应单元 SURF152。

TC4 钛合金 $0 \sim 500$ ℃ 的热传导率、比热容由文献查取。对已知参数进行线性拟合,并通过插值和外推来确定材料未知温度范围的热物性参数。由于热物性参数随着温度的变化而变化,并且使用辐射单元,所以焊接热分析为非线性的。

(3) 相变潜热的处理。

将焓定义为温度的函数(H 的单位为 J/m^3):

$$H = \int \rho\, C(T) \mathrm{d}T_0 \tag{5.69}$$

计算时假设固态相变和固液相变都是在一定的温度区间内发生,对于相变发生的温度区间内的所有温度点的比热容值,在其原有的基础上增加熔化潜热的补偿量。

(4) 并行计算。

通过在 ANSYS 8.0 版本下运行分布式求解器 DDS 来实现电子束焊接有限元数值模拟过程的并行计算。

模拟得到的电子束束斑运动到 15 mm、30 mm 处工件内部的温度场分布,如图 5.28 所示。电子束热源向前移动一段距离后,焊接温度场达到准稳态。电子束束斑作用处温度高于 3 000℃,液态金属蒸发,生成金属蒸气。由于 TC4 合金的热传导性较差,高温区集中在焊缝附近,因此在电子束焊接中沿 x 和 y 方向存在很高的温度梯度。上表面距焊缝中心 2 mm 处节点的最高温度低于材料的液化温度,这与焊缝实际宽度 4 mm 是一致的。熔池形状呈典型的上宽下窄的钉形分布,沿 x 轴方向熔池长度约为 10 mm;由于焊速较快,熔池形状在上表面呈卵形分布,尾翼较长,如图 5.29 所示。

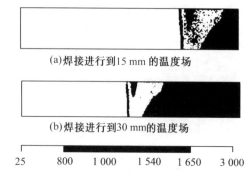

(a)焊接进行到15 mm 的温度场

(b)焊接进行到30 mm 的温度场

25   800   1 000   1 540   1 650   3 000

图 5.28   电子束斑运动的工件内部温度场分布

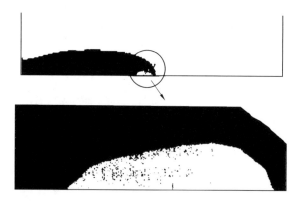

图 5.29   30 mm 处上表面温度场

　　如图 5.30 所示,工件表面 $x = 30$ mm 处垂直焊缝方向上各节点的温度随时间而变化。由图可见,当电子束碰撞工件的瞬间,其动能变为热能,焊缝中心温度急剧升高,在电子束束斑直接作用的区域最高温度可达到 3 500 ℃,远高于材料的熔点 1 650 ℃,形成了充满金属蒸气的小孔。随着电子束向前移动,焊缝中心温度迅速下降。各节点温度下降的速率和达到最高温度的时间与距焊缝的距离成反比,说明在电子束焊接时焊缝金属的加热不是通过热传导,而是电子束和工件直接作用的结果。随着电子束向前移动,热传导和辐射成为主要的传热方式。根据表面的温度分布,估计焊缝表面的熔化宽度约为 2 mm,这与实际焊接时的金相分析结果是一致的。

4.对柴油机单体气缸盖的有限元分析

　　陈立锋等人[6]采用有限元法,对某柴油机单体式气缸盖在机械负荷及热

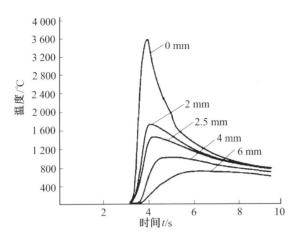

图 5.30　焊缝表面 30 mm 处的热循环曲线

固耦合下的结构强度进行分析,以得到在不同工况下的应力分布情况,为柴油机单体式气缸盖的设计提供数据参考。

　　弹性体的边界条件有位移边界条件、力边界条件和混合边界条件,其中混合边界条件根据弹性体的位能关系和本构方程建立其平衡方程,在此基础上,根据最小位能原理得到所要求的节点位移向量。

　　在有限元法求解弹性力学问题时,每个单元体的总位能为

$$II = \int_v U \mathrm{d}v - \int_v X_i u_i \mathrm{d}v - \int_{S_i} F_{ni} \mathrm{d}s \tag{5.70}$$

式中,U 为单元的位能;X_i 为作用在单元体上的力;F_{ni} 为作用在单元上的外力。

　　单元的位能 U 由三部分构成:机械变形能、节点力的位能和热变形能。其中,单元的机械变形能为

$$U_{\mathrm{f}}^e = \frac{1}{2}\iint_e \{\delta\}^T \{\varepsilon_f\} R\mathrm{d}R\mathrm{d}Z$$

节点力的位能为

$$V_{\mathrm{f}}^e = -(\{\delta\})^T \{F\}^e$$

单元具有的热变形能为

$$U_{\mathrm{f}}^e = -(\{\delta\})^T \{L\}^e$$

　　然后,根据热应力的本构方程,可得单元平衡方程为

$$[K]_e \{U\}_e = \{F\}_e + \{F_{\Delta T}\}_e$$

式中,$\{F\}_e$ 为力载荷列向量;$\{F_{\Delta T}\}$ 为热应力载荷列向量。

　　在上述分析的基础上,根据最小位能原理,取总位能的最小值,即 $\dfrac{\partial II}{\partial \{\delta\}} = 0$,

得到节点位移的线性方程组,其解就是所要求的节点位移向量。

若求解气缸盖在纯机械负荷作用时的应力应变,而不考虑温度差引起的热应力的影响,在对气缸盖进行有限元分析时,单元的位能仅由机械变形能、节点力的位能组成,而单元的热变形能为 0,即 $U_i^t = 0$;在求解气缸盖因温差引起的热应力的分布规律时,单元的位能只有单元的热变形能,而单元的机械变形能、节点力的位能可认为 0,即

$$U_i^t = 0, \quad V_i^t = 0$$

由于气缸盖结构比较复杂,为了区分不同结构的不同材料,首先对组合结构进行分区处理,共分成气缸盖区、机体区、气缸垫区和螺栓区,并根据各区的材料特性设定单元的不同物理特性和不同的单元长度。对于实体模型,采用四节点四面体单元。有限元模型如图 5.31 所示。

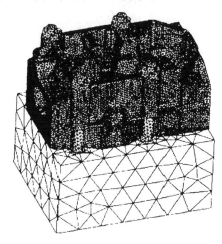

图 5.31　有限元模型

在热固耦合下,底板火力面由于温差较大,使得底板的热应力相对较大,而顶板的机械应力较大,因而在分析时须分别对底板和顶板进行考虑,其气缸盖底板和顶板在不同工况下的应力分布规律不同,如图 5.32 和图 5.33 所示。

从图 5.32 可以发现,在气缸盖顶板上,虽然在机械负荷作用下最大应力值达到 200 MPa,但在热固耦合作用下,其最大主应力都有所减小,最大应力值减到 164 MPa,有利于内燃机的工作。

从图 5.33 可以看出,在纯机械负荷作用下,预紧时底板火力面四周的最大应力为 175 MPa,火力面的应力为 14 MPa;在爆发工况下,火力面由于气体压力的作用,其最大应力增加,由 14 MPa 增加到 52 MPa。火力面四周的应力在爆发后,由于气体压力的作用,抵消了部分螺栓预紧力的影响,使得最大应力有所下降,最大减小了 82 MPa。

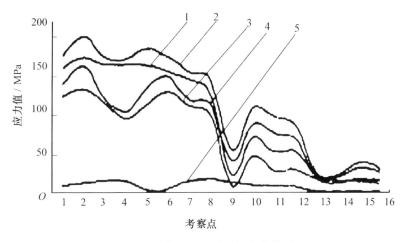

图 5.32　单体式气缸盖顶板应力值对比

1— 机械负荷作用下,气缸盖顶板在预紧工况时的应力分布;2— 机械负荷作用下,气缸盖顶板在爆发工况时的应力分布;3— 热固耦合,气缸盖顶板在预紧工况时的应力分布;4— 热固耦合,气缸盖顶板在爆发工况时的应力分布;5— 仅考虑热应力时,气缸盖顶板的应力分布

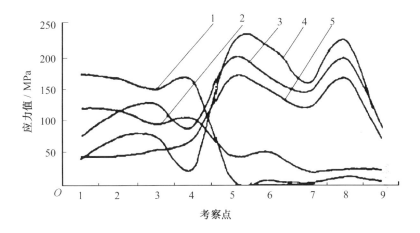

图 5.33　单体式气缸盖底板应力值对比

1— 机械负荷作用下,气缸盖底板在预紧工况时的应力分布;2— 机械负荷作用下,气缸盖底板在爆发工况时的应力分布;3— 热固耦合,气缸盖底板在预紧工况时的应力分布;4— 热固耦合,气缸盖底板在爆发工况时的应力分布;5— 仅考虑热应力时,气缸盖底板的应力分布

5. 硅钢化轧制变形中的有限元分析

徐新平等[7]利用 DEFORM 模拟硅钢片在轧制变形过程中轧件内部所受应力、应变及转矩分布的变化。

(1) 模拟过程中的基本假设和基本方程。

① 刚塑性基本假设。

a. 弹性应变比塑性应变小得多,因此忽略材料的弹性变形。

b. 材料的体积不可压缩。

c. 忽略成形过程中的 Bauschinger(包辛格) 效应。

d. 材料具有均质特征。

e. 不计体积力(重力和惯性力等) 的影响。

② 刚塑性基本方程。

a. 平衡方程为

$$\sigma_{ij,j} = 0 \tag{5.71}$$

b. 本构方程(应力-应变率关系) 为

$$\sigma_{ij,j} = \frac{2\bar{\sigma}}{3\dot{\bar{\varepsilon}}} \dot{\varepsilon}_{ij} \tag{5.72}$$

式中, $\dot{\bar{\varepsilon}} = \sqrt{\frac{2}{3}\dot{\varepsilon}_{ij}\dot{\varepsilon}_{ij}}$ 为等效应变率; $\bar{\sigma}$ 为流动应力。

c. 几何协调方程(应变率-位移关系) 为

$$\dot{\varepsilon}_{ij} = \frac{1}{2}(u_{i,j} + u_{j,i}) \tag{5.73}$$

d. 体积不变条件为

$$\dot{\varepsilon}_V = \dot{\varepsilon}_{ij}\delta_{ij} = 0 \tag{5.74}$$

e. 边界条件。

(a) 力学边界条件:在力面 S_F 上有

$$\sigma_{ij}n_j = T_i^0 \tag{5.75}$$

(b) 速度边界条件:在速度面 S_u 上有

$$v_i = v_i^0 \tag{5.76}$$

(2) 数值模拟结果及分析。

① 模拟初始条件设置。

a. 变形材料:硅钢(Fe - 3.2%Si - 0.05%C -其他)。

b. 原始坯料尺寸:20 mm × 10 mm × 5 mm。

c. 轧辊尺寸:ϕ130 mm × 265 mm。

d. 轧辊转速:30 r/min。

e. 压下量:40%。

f. 摩擦条件:采用库仑摩擦以改善计算的收敛性,摩擦系数 $\mu = 0.1$。

g. 表面网格单元数为 2 000 个,模拟步长为 0.01 s/ 步。

② 模拟结果及分析。在上述刚塑性理论的基础上利用 DEFORM - 3D 软件对硅钢片轧制变形过程进行了数值模拟分析。图 5.34 为轧制后的硅钢片纵截面的二维等效应力分布云图,可以看出图层沿硅钢片厚度中心层有着明显的对称特征,并且从硅钢片表面层至中心层,其应力大小也有着逐渐增大的规律 $(\sigma_{max} = 18.624 \text{ MPa}, \sigma_{min} = 17.376 \text{ MPa})$。图 5.35 为三维等效应力场分布及网格划分示意图,图中轧件与轧辊接触处把硅钢片分成两部分,其中应力变化相同,从中间至两端轧制应力都是逐渐变小的,即硅钢片在轧制过程中,所受应力最大处在轧辊与试样的接触处 $(\sigma_{max} = 158.60 \text{ MPa}, \sigma_{min} = 4.09 \text{ MPa})$。

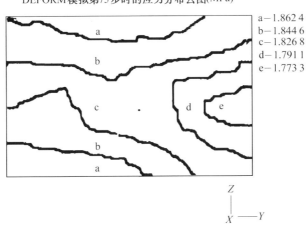

图 5.34　轧制后的硅钢片纵截面的二维等效应力分布云图

图 5.36 和图 5.37 是应变分布图的模拟结果。其中,图 5.36 是硅钢片纵截面上表面层至中心层二维等效应变等值线分布曲线,与图 5.34 中应力分布规律相同,从表面至中心层,应变也是逐渐变大 $(\varepsilon_{max} = 0.528\ 4 \text{ mm/mm}, \varepsilon_{min} = 0.260\ 4 \text{ mm/mm})$。图 5.37 是三维等效应变场分布及网格划分图,与图 5.35 不同的是,从入口端至另一端,硅钢片在轧制时所受应变逐渐变大 $(\varepsilon_{max} = 0.714\ 8 \text{ mm/mm}, \varepsilon_{min} = 0)$。

从以上模拟结果可以看出,硅钢片在轧制过程中应力及应变的分布具有一定的规律:沿厚度层方向,从硅钢片表面层至中心层,应力及应变均逐渐变大;沿轧向,轧制应力从硅钢片两端至中间逐渐增大,而应变从入口端至另一端逐渐增大。说明在轧制过程中,硅钢片在不同厚度层所受应力及应变是不断变化的,即轧制时,沿轧件断面厚度层方向上的变形分布不均匀,从而造成试样厚度

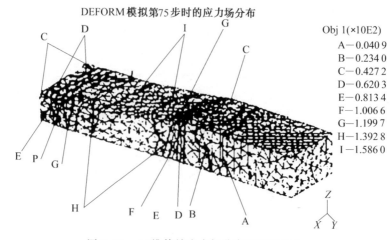

DEFORM模拟第75步时的应力场分布

Obj 1(×10E2)
A—0.040 9
B—0.234 0
C—0.427 2
D—0.620 3
E—0.813 4
F—1.006 6
G—1.199 7
H—1.392 8
I—1.586 0

图 5.35　三维等效应力场分布及网格划分

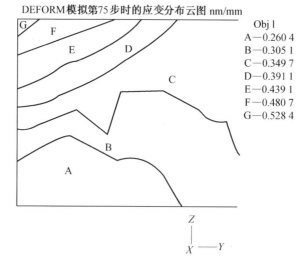

DEFORM模拟第75步时的应变分布云图 nm/mm

Obj l
A—0.260 4
B—0.305 1
C—0.349 7
D—0.391 1
E—0.439 1
F—0.480 7
G—0.528 4

图 5.36　二维等效应变等值线分布曲线

内畸变程度的不均匀分布,而且表面层的金属流动速度比中心层的流动速度要快。

6. 对多孔介质内渗流行为的有限元分析

闫洁等人[8]利用有限元软件 ANSYS/FLOTRAN 模块对多孔介质内的铝液的渗流行为进行传热和传质耦合数值模拟。在实体建模中,根据多孔介质的连续介质模型,通过平均孔隙率、渗透率和相对水力直径的计算,分析得出它的压力损失系数,然后以分布阻力的形式赋予多孔介质。最后求解得到可视化的瞬态温度场分布,并且对获得渗流有效高度的时间做出初步预测。对多孔介质

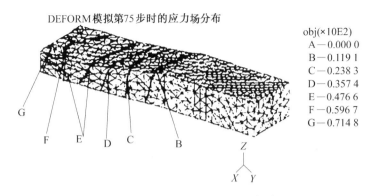

DEFORM模拟第75步时的应力场分布

obj(×10E2)
A — 0.000 0
B — 0.119 1
C — 0.238 3
D — 0.357 4
E — 0.476 6
F — 0.596 7
G — 0.714 8

图 5.37 三维等效应变场分布网格划分

的数学处理方法如下。

(1)连续介质模型。

忽略实际多孔介质的微观结构,把实际的多孔介质看作一种假想的连续介质。对于连续介质中的一个质点,把运动变数、动力变数及参数看成是点的空间坐标和时间的连续函数。

设 p 是多孔介质区域内的一个数学点,考虑一个或考虑比单个孔隙大得多的体积 Δu_i。设 Δu_i 为一个球体,点 p 是它的质心。对该体积可以确定比值 n_i,即

$$n_i = n_i(\Delta u_i) = \Delta u_V / \Delta u_i \tag{5.77}$$

式中,$\Delta u_V / \Delta u_i$ 是 Δu_i 内孔隙空间的体积。逐步缩小以点 p 为质心的尺寸,$\Delta u_1 > \Delta u_2 > \Delta u_3 > \cdots$ 可得到一系列 $n_i(\Delta u_i)$,$i = 1,2,3,\cdots$。Δu_i 减小时,n_i 随之变化,在某个 Δu_i 值以下(取决于点 p 与不规则边界的距离),n_i 基本不再降低,产生的小振幅波动则是由于点 p 周围孔隙大小的随机分布引起的。但当 Δu_i 小于一定的 Δu_0 时,n_i 会发生较大的波动。这种现象发生在 Δu_i 的尺寸接近单个孔隙的尺寸时,最后当 $\Delta u_i \rightarrow 0$,即收敛于数学点 p 时,n_i 变为 1 和 0。

介质在点 p 的体孔隙率 $n(p)$ 的定义是当 $\Delta u_i \rightarrow \Delta u_0$,比值 n_i 的极限为

$$n\{p\} = \lim_{\Delta u_i \rightarrow \Delta u_0} n_i\{\Delta u_i(p)\} = \lim_{\Delta u_i \rightarrow \Delta u_0} \frac{(\Delta u_v)(p)}{\Delta u_i} \tag{5.78}$$

假定 Δu_i 及 Δu_0 在点 p 附近的变化是光滑的,则

$$n(p) = \lim_{p' \rightarrow p} n(p') \tag{5.79}$$

多孔介质内孔隙率 n 是点 p 位置的函数。

(2)对多孔介质的处理。

借助 ANSYS/FLOTRAN 模块对多孔介质的宏观力学影响进行分析,具体对 FLUID141 单元的实常数 R 的 a、b 和 FLOTRAN 渗透率 C 等参数分别进

行设定,可以实现对多孔介质的微观物理结构的进一步抽象。

ANSYS/FLOTRAN 模块为了模拟各种流场特征对于流动的影响,提供了分布阻力的概念,模拟问题域几何特征对流体产生的压降。

分布阻力作为源项加在动量方程中,通过将实常数 R_i 作为单元量施加,则

$$\frac{\partial(\rho u_i)}{\partial t} + \frac{\partial(\rho u_j u_i)}{\partial x_j} = -\frac{\partial p}{\partial x_j}(\mu\,\frac{\partial u_i}{\partial x_j}) + S_i + R_i \qquad (5.80)$$

$$R_i = K\rho u_i\mid V\mid + \frac{f}{D_k}\rho u_i\mid V\mid + C\mu u_j \qquad (5.81)$$

分布阻力由下列几部分因素组成:局部压头损失(K)、摩擦因素(f)、渗透率(C),总的压力梯度是 3 个因素的综合:

$$\frac{\partial p}{\partial u_{resistance}} = -\left\{ K\rho u_i\mid V\mid + \frac{f}{dh}\rho u_i\mid V\mid + C\mu u_j \right\} \qquad (5.82)$$

其中,摩擦系数 $f = aRe^{-b}$,Re 为局部雷诺数;C 作为 ANSYS/FLOTRAN 的渗透率,其值等于多孔介质的渗透系数 k 的倒数,k 为 Darcy(达西定律)法则渗透系数(局部压头损失),与流体和多孔介质的材料性质相关。多孔介质的渗透系数 k 表示的是透气性或多孔介质层和充填层内流动的难易程度,仅与多孔介质中孔隙的形状和尺寸有关。

按照 Kozeny(科泽尼)的管束模型,求出多孔介质渗透系数的表达式为

$$k = \frac{\varepsilon^3}{2a_p^2} \qquad (5.83)$$

式中,ε 为孔隙率;a_p 为多孔介质的比表面积(表面积 / 体积)。

由于实际的多孔介质中孔隙是复杂、曲折的连通,而不是所谓的平行管束,引入弯曲系数(或称曲折度)C_1,通常该值取为 2,故

$$k = \frac{\varepsilon^3}{2C_1 a_p^2} \qquad (5.84)$$

选择 ANSYS/FLOTRAN 的 FLUID141 单元作为基本单元,按照二维的类似于管内流动进行有限元分析。ANSYS 提供了两种后处理方式:POST1,可以对整个模型在某一载荷步(时间点)的结果进行后处理;POST26,可以对模型中特定点在所有载荷步(整个瞬态过程)的结果进行后处理。

以下部分云图显示了 POST26 的后处理结果。

NODAL SOLUTION

STEP = 7	RSYS = 0
SUB = 10	SMN = 450
TIME = 0.331	SMX = 720
TEMP (AVG)	

已知渗流模拟的原型高度为 20 mm,如图 5.38 所示。在第 0.331 s 时,靠近顶部的温度仍在 ZL102 合金的固相线温度(577℃)以下,由此可知渗流前沿尚未达到 20 mm 高度的位置,故在顶部附近必然存在渗流不足的区域,而在 0～10 mm 高度范围内,温度仍在液相线温度(600 ℃)以上,故渗流充分发展,有效高度约为 10 mm,即渗流达到 10 mm 的高度所需时间约为 0.331 s。

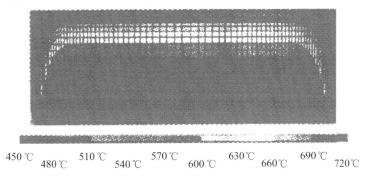

450℃　480℃　510℃　540℃　570℃　600℃　630℃　660℃　690℃　720℃

图 5.38　$\iota = 0.331$ s 时温度等值线的分布

7. 有限元法分析纳观层次的聚合物复合材料

谢桂兰等[9] 利用渐近均匀化理论,结合有限元法,经二次纳观层次的均匀化和一次细观层次的均匀化,分别预测了聚合物的结晶度、聚合物结晶相的弹性模量、纳米颗粒的弹性模量、纳米颗粒的体积分数等参数对聚合物基纳米复合材料有效性能的影响。

以结晶聚合物尼龙 6/ 二氧化硅纳米复合材料为例,其结构如图5.39 所示。二氧化硅纳米颗粒的尺度在几纳米至几十纳米,尼龙 6 的晶粒尺度在 5～50 μm,而聚合物纳米复合材料的颗粒尺度在几毫米到几百毫米,三者在空间尺度上相差较大,不是一个数量级,不能用传统的连续介质力学来研究,因此将聚合物纳米复合材料模型分别用宏观结构体 X、细观结构 Y、纳观结构 Z 的三级结构来描述,如图 5.40 所示。

整个系统经过下述 3 次均匀化处理得到复合材料的有效性能:

① 由纳观结构 Z 均匀化得到细观结构等效颗粒的有效性能参数。

② 由纳观结构 Z 再次均匀化得到细观结构等效基体的有效性能参数。

③ 由细观结构 Y 均匀化得到聚合物基纳米复合材料的有效性能参数。

由于纳米颗粒和结晶相为圆球形,所以在二维情况下纳观和细观单胞模型均选取 2×2 方形基体,中心有圆形颗粒单胞。由图 5.40 中单胞 Z 的结构对称性可知,在计算等效颗粒的纳观模型有限元分析时,只要取其 1/4 即可,其纳观分析模型和有限元网格模型如图 5.41 所示。计算等效基体的纳观分析模型和有限元网格模型与计算等效颗粒的纳观分析模型和有限元网格模型相同,只需将聚合物结晶相改为聚合物非结晶相。

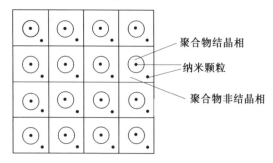

图 5.39　尼龙 6/二氧化硅纳米复合材料的结构

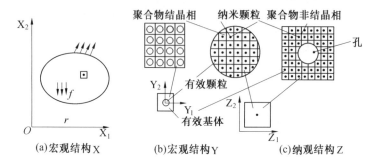

图 5.40　计算分析模型

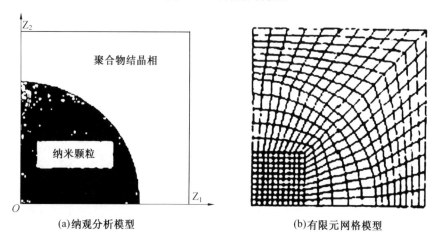

图 5.41　有限元分析模型和网格模型

　　细观结构的有限元模型及网格划分与纳观结构相同,只要将纳米颗粒换成等效颗粒,聚合物结晶相换成等效基体。

　　结晶型聚合物材料加入纳米颗粒前后,聚合物的结晶度对其有效弹性模量的影响,如图5.42所示。从图5.42可见,聚合物纳米复合材料有效性能随聚合物的结晶度的提高而增大,聚合物在加入纳米颗粒后其有效弹性模量有所提高。结晶型聚合物材料加入纳米颗粒前后,聚合物结晶相的弹性模量对复合材料有效弹性模量的影响。从图5.43可见,聚合物纳米复合材料有效性能随聚合物结晶相的弹性模量增加而增大,聚合物在加入纳米颗粒后其有效性能显著提高。

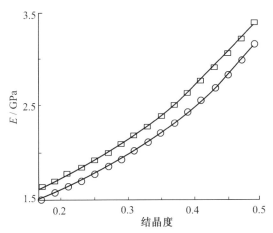

图 5.42　聚合物的结晶度对有效弹性模量的影响
○—无纳米颗粒复合材料；　□—纳米颗粒复合材料

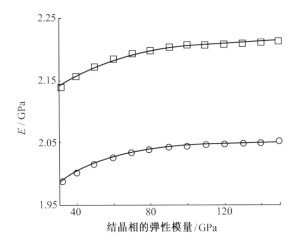

图 5.43　聚合物结晶相的弹性模量对复合材料有效弹性模量的影响
○—无纳米颗粒复合材料；　□—纳米颗粒复合材料

结晶型聚合物材料加入纳米颗粒后,纳米颗粒的弹性模量对复合材料弹性模量的影响,如图 5.44 所示。从图 5.44 可见,聚合物纳米复合材料的弹性模量随纳米颗粒的弹性模量的增加而增大。结晶型聚合物材料加入纳米颗粒后,纳米颗粒的体积分数对复合材料弹性模量的影响,如图 5.45 所示。从图 5.45 可见,聚合物纳米复合材料的弹性模量随纳米颗粒体积分数的增加而增大。

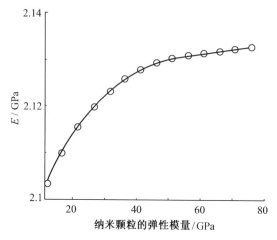

图 5.44　纳米颗粒的弹性模量对复合材料弹性模量的影响

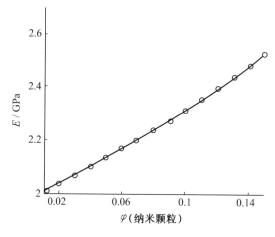

图 5.45　纳米颗粒的体积分数对复合材料弹性模量的影响

8. 固化工艺力学有限元分析法

任明法等[10] 根据固化反应动力学、热传导和复合材料力学理论提出了相应的固化工艺力学有限元分析方法,并通过典型容器研究了固化工艺过程中容器内部的温度和热应力分布及其变化规律,对具有金属内衬复合材料纤维缠绕容器固化过程进行了数值模拟。

（1）固化过程的数值模拟和有限元分析方法。

在固化工艺力学分析时可以采用轴对称假设。

① 固化度数值分析。固化度可用化学反应过程中放出的热量来定义,即

$$\alpha = \frac{H(t)}{H_r} \tag{5.85}$$

式中,$H(t)$ 和 H_r 分别表示固化反应进行到时刻 t 和反应结束时总的化学放热量。固化度的变化范围为:$0 \leqslant \alpha \leqslant 1$。根据固化反应动力学理论可知

$$\frac{\mathrm{d}\alpha}{\mathrm{d}t} = A_c \exp(-\Delta E_c/RT)\alpha^{m_c}(1-\alpha)^{n_c} \tag{5.86}$$

式中,R 和 T 分别为气体常数和绝对温度;ΔE_c 和 A_c 为材料活化能和频率因子;m_c 和 n_c 为与材料有关的常数。其中,ΔE_c、A_c、m_c 和 n_c 均可由试验确定。

若复合材料的化学反应速率和总化学反应热量已知,则在固化过程中的化学放热速率 $\dot{Q}$ 可由下式得到:

$$\dot{Q} = H_r \frac{\mathrm{d}\alpha}{\mathrm{d}t} \tag{5.87}$$

式中,$\dot{Q}$ 是热传导方程中的非定常热源项。

为了保证解的稳定性和收敛性,在数值分析中采用 Runge-Kutta 法与局部线性化相结合的处理方法进行逐步迭代求解。

② 瞬态热传导数值分析。分别在空间域和时间域中对热传导控制方程进行离散。首先采用加权余量的伽辽金积分方法,得到在通用坐标系下,在空间域中热传导二维问题的有限元分析的控制方程:

$$\boldsymbol{C}\dot{\boldsymbol{\phi}} + \boldsymbol{K}\boldsymbol{\phi} = \boldsymbol{P} \tag{5.88}$$

式中,$\boldsymbol{C}$ 和 $\boldsymbol{K}$ 分别为结构总热容和热传导矩阵,均为对称正定矩阵;$\boldsymbol{P}$ 为结构总温度载荷列向量;$\boldsymbol{\phi}$ 和 $\dot{\boldsymbol{\phi}}$ 分别为结构总节点温度和温度对时间的导数列向量。

单元热传导矩阵为

$$\boldsymbol{K}_{ij}^p = \int_{\Omega^p} (k_Y R \frac{\partial N_i}{\partial Y}\frac{\partial N_j}{\partial Y} + k_x \frac{\partial N_i}{\partial X}\frac{\partial N_j}{\partial X})\mathrm{d}\Omega + \int_{r_2^p} hN_iN_j\mathrm{d}\Gamma \tag{5.89}$$

式中,等号右边第 2 项是单元热交换边界对热传导矩阵的修正;k_Y 和 k_x 分别是材料沿 Y、X 方向的热传导系数;R 和 N 为加权因子和插值函数;h 为放热系数。

单元热容矩阵为

$$\boldsymbol{C}_{ij}^p = \int_{\Omega^p} \rho c R N_i N_j \mathrm{d}\Omega \tag{5.90}$$

式中,ρ 和 c 分别为材料密度和材料比热容。单元温度载荷向量为

$$\boldsymbol{P}^e = \int_{\Omega^p} \rho R Q N_j \mathrm{d}\Omega + \int_{r_2^p} qN_i\mathrm{d}\Gamma + \int_{r_2^p} h\phi_a N_i\mathrm{d}\Gamma \tag{5.91}$$

式中,Q 为物体内部的热源密度;q 是边界 Γ_2 上的给定热流量;ϕ_a 为自然对流条件下的外界环境温度或强迫对流条件下边界层的绝热壁温度。

式(5.91) 右边的第 1 项、第 2 项和第 3 项,分别是单元热源产生的温度载荷向量、单元给定热流边界的温度载荷向量和单元对流换热边界的温度载荷。

若进一步在时间域中对式(5.88) 进行离散,并假设在时间域中离散时所采用的插值函数和空间域是相同的,则通过简单推导,可以得到在时间单元前后节点上两组参量关系式为

$$\left(\boldsymbol{K}\int_0^1 \omega\xi \,\mathrm{d}\xi + \boldsymbol{C}\int_0^1 \omega \frac{\mathrm{d}\xi}{\Delta t}\right)\phi_{n+1} + \left(\boldsymbol{K}\int_0^1 \omega(1-\omega)\,\mathrm{d}\xi - \boldsymbol{C}\int_0^1 \omega \frac{\mathrm{d}\xi}{\Delta t}\right)\phi_n - \int_0^1 \omega\boldsymbol{P}\,\mathrm{d}\xi = 0$$

(5.92)

式中,$\xi = t/\Delta t (0 \leqslant \xi \leqslant 1)$;$\omega$ 为权函数。

假定热传导和热容矩阵都不随时间而变化,则式(5.92) 可以写成对任何权函数都适用的一般形式:

$$(\boldsymbol{C}/\Delta t + \boldsymbol{K}\theta)\phi_{n+1} + [-\boldsymbol{C}/\Delta t + \boldsymbol{K}(1-\theta)]\phi_n = \overline{\boldsymbol{P}}$$

(5.93)

$$\theta = \int_0^1 \omega\xi\,\mathrm{d}\xi \Big/ \int_0^1 \omega\,\mathrm{d}\xi,\ \overline{\boldsymbol{P}} = \int_0^1 \omega\boldsymbol{P}\,\mathrm{d}\xi \Big/ \int_0^1 \omega\,\mathrm{d}\xi$$

为了保证解的稳定性,经数值试验设 $\theta = 1$。

采用的时间步长由下式确定,即

$$T_{\text{step}} < \frac{\rho c\delta^2}{4k}$$

(5.94)

式中,δ 为单元的长度;k 为导热系数;ρ 为材料密度;c 为材料的比热容。

③ 瞬态热应力数值分析。复合材料缠绕层在固化过程中的热应力分析是一个伴有材料非线性特征的瞬态应力场分析问题。当通过上面瞬态温度场分析,并计算出在特定时间步内,在缠绕层中内温度场和固化度中的分布后,则可根据即时温度场分布,得到缠绕层材料的即时力学性质。

假设缠绕层的纤维材料在固化过程中的力学性质保持不变,而基体相材料树脂的力学性质与固化度的关系式为

$$E_m = (1 - \alpha_{\text{mod}})E_m^0 + \alpha_{\text{mod}}E_m^\infty + \gamma(1 - \alpha_{\text{mod}})(E_m^\infty - E_m^0)$$

(5.95)

$$\alpha_{\text{mod}} = \frac{\alpha - \alpha_{\text{gel}}^{\text{mod}}}{\alpha_{\text{diff}}^{\text{mod}} - \alpha_{\text{gel}}^{\text{mod}}}$$

(5.96)

式中,E_m^0 和 E_m^∞ 分别为初始固化和完全固化时的树脂弹性模量;$\alpha_{\text{gel}}^{\text{mod}}$ 和 $\alpha_{\text{diff}}^{\text{mod}}$ 分别为树脂胶状时和扩散时的固化度;γ 为考虑应力松弛和化学硬化之间竞争机制的权因子。

假设树脂材料具有各向同性形态,则其剪切模量计算公式为

$$G_m = \frac{E_m}{2(1 + v_m)}$$

(5.97)

然后,采用连续纤维增强复合材料的细观力学中的自恰模型来计算复合材料缠绕层的材料性质。在整个固化工艺过程数值分析时,假设在升温和保温阶段,复合材料热物理和力学性质是温度和固化度的函数,而在降温冷却阶段,则认为其材料性质不再随温度变化。

根据最小位能原理,热应力问题的泛函表达式如下

$$\Pi_p(u) = \int_{\Omega} \left(\frac{1}{2} \varepsilon^{\mathrm{T}} D \varepsilon - \varepsilon^{\mathrm{T}} D \varepsilon_0 - u^{\mathrm{T}} f \right) \mathrm{d}\Omega - \int_{\Gamma_0} u^{\mathrm{T}} \overline{T} \mathrm{d}\Gamma \qquad (5.98)$$

采用增量分析方法将求解域 Ω 进行有限元离散,由 $\delta \Pi_p$ 可得到有限元求解方程为

$$K^t a = P^{t+\Delta t} - f^t \qquad (5.99)$$

式中,K^t 为结构 t 时刻的即时总刚度阵;a 为位移向量;f^t 为 t 时刻由单元内应力增量引起的节点力的增量向量;$P^{t+\Delta t}$ 为 $(t+\Delta t)$ 时刻的载荷列向量,即

$$P^{t+\Delta t} = P_{\mathrm{f}}^{t+\Delta t} + P_{\mathrm{s}}^{t+\Delta t} + P_{\varepsilon_0}^{t+\Delta t} \qquad (5.100)$$

式中,$P_{\mathrm{f}}^{t+\Delta t}$、$P_{\mathrm{s}}^{t+\Delta t}$ 分别为体积载荷和表面载荷引起的载荷项;$P_{\varepsilon_0}^{t+\Delta t}$ 为温度应变引起的载荷项。由下式求得

$$P_{\varepsilon_0}^{t+\Delta t} = \sum_e \int_{\Omega_e} B^{\mathrm{T}} D \varepsilon_0 \mathrm{d}\Omega \qquad (5.101)$$

式中,B 为几何阵;D 为 t 时刻的即时弹性阵,可通过材料的即时力学性质计算得到。

（2）固化过程中温度、材料性质和固化度耦合问题的求解策略。

复合材料在固化过程分析中,其温度和固化度间具有强耦合关系,采用 Runge - Kutta 逐步迭代算法来实现解耦,求得温度和固化度分布;在应力计算过程中,由于缠绕层的复合材料材料常数是温度和时间的函数,故其是一个具有材料非线性特征的瞬态应力场分析,采用修正的 Newton 迭代法来求解。

若将整个求解过程分成许多非常小的时间段,在每个时间段内,假设热压釜中环境温度、固化度以及基体相材料的热物理与力学性质保持不变,则复合材料固化工艺力学分析求解步骤如下:

① 建立几何模型并分别定义每个单元的热学常数、初始弹性常数和热膨胀系数,并令时间步 $k=0$;初始应力 σ_{ij}^k 为 0。

② 根据给定的固化曲线,由式(5.93)求解在第 k 时间步容器内温度的分布。

③ 读取每个节点上的温度值,并根据其温度值由式(5.86)计算此时的每个节点上的固化度。

④ 根据得到的固化度值,由式(5.87)计算每个节点上的固化放热速率,并由式(5.95)、式(5.96)与连续纤维增强复合材料的细观力学中的自恰模型来

计算每个单元的弹性常数和热膨胀系数。

⑤根据步骤④得到复合材料缠绕层的弹性常数和热膨胀系数与金属内衬的弹性常数和热膨胀系数,由式(5.99)计算该时间步的热应力 $\Delta\sigma_{ij}^{k}$。

⑥令时间步 $k=k+1$,$\sigma_{ij}^{k+1}=\sigma_{ij}^{k}+\Delta\sigma_{ij}^{k}$。

⑦重复步骤②~⑥的计算过程,直到整个固化过程结束。

假设容器各界面之间黏结完好,考虑到容器几何和受载的轴对称性,该容器可采用8节点轴对称块单元进行离散。热边界条件为:容器外壁为放热边界条件,其放热系数 $h=21.613\ \mathrm{W/(m^2\cdot℃)}$,容器内壁和两端为绝热边界。

图5.46为容器跨中横剖面节点的位置示意图。图5.47分别给出了已知热压釜中的固化曲线和由计算得到的 A、B、C 和 D 节点的温度随时间的变化曲线。

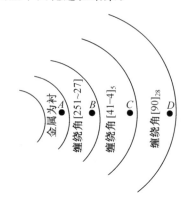

图5.46　容器跨中横剖面节点的位置示意图

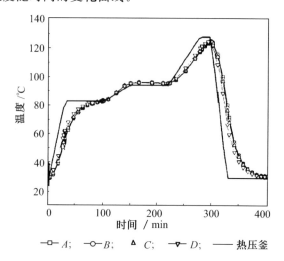

图5.47　在固化过程中内衬与缠绕层内 A、B、C 和 D 节点温度随时间的变化曲线

从图5.47可以看出:①在开始升温阶段,外壁的温度要高于内衬的温度,说明在这个阶段,温度是从外部逐渐传入内部;②在升温和保温第1阶段至第2阶段,由于树脂固化发生化学反应,释放热量,使复合材料纤维缠绕层内部的温度不断升高,并逐渐高于容器内外壁温度;③从第3次升温阶段开始,外壁的温度将逐渐高于容器内部的温度,这说明了树脂在这个阶段的固化反应即将结

束,并开始进入凝固阶段;④ 在第 3 次保温结束时,容器内外的温度几乎相等,这说明了此时树脂凝固过程全部完成;⑤ 在降温阶段,外壁的降温速率比容器内部快。

在固化工艺过程中产生的热应力及其变化规律对具有内衬的复合材料缠绕容器中的使用性能的评估具有重要的工程价值。图 5.48、图 5.49 分别给出了在固化过程中,图 5.46 中节点的径向应力 σ_r、剪切应力 σ_{rz}、轴向应力 σ_z 和环向应力 σ_θ 随时间的变化曲线。由图 5.48、图 5.49 可知:

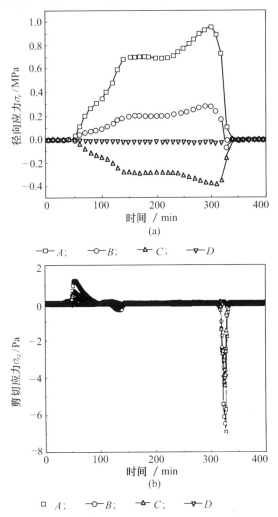

图 5.48　在固化过程中各节点的径向应力 σ_r 和剪切应力 σ_{rz} 随时间的变化曲线

① 在固化过程的第 1 阶段、第 2 阶段和第 3 阶段的升温和保温阶段中,纤维缠绕层和金属衬内所有应力分量值均随着固化时间的增加而逐渐增大。

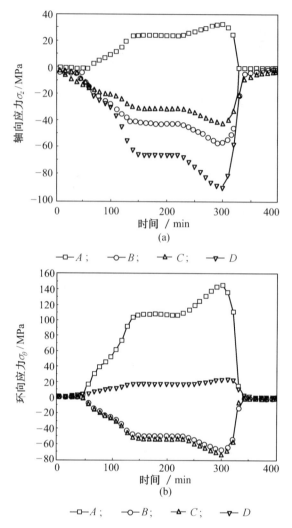

图 5.49　在固化过程中各节点的轴向应力 σ_z 和环向应力 σ_θ 随时间的变化曲线

② 在第 2 阶段的保温阶段，其应力分量值变化尤为激烈，其原因是在此阶段固化反应最为激烈；当第 3 阶段保温结束时，所有应力分量值均达到了最大值。

③ 在所有阶段中，环向和轴向应力值均显著大于层间应力值。剪切应力峰值发生在第 1 次升温和最后降温开始的阶段，其中最大径向应力值不超过 1 MPa，而最大剪切应力值不超过 8 Pa，由此可见，在整个固化过程中，层间应力将不足以引起缠绕层的层间损伤。

④ 轴向应力在内衬内为拉应力，在所有的缠绕层内的应力均为压应力；而

环向应力在内衬和 90°缠绕层内均为拉应力,其他缠绕层内为压应力,其中最大的环向应力值出现在内衬和复合材料缠绕层附近;数值分析表明内衬和复合材料缠绕层的应力状态与缠绕角方向、铺层次序有关。

⑤ 在固化工艺流程结束后,所有应力分量值基本上松弛,说明了在容器内由于固化工艺引起的残余应力并不大。

本章参考文献

[1] 翁荣周. 传热学的有限元方法[M]. 厦门:暨南大学出版社,2000.

[2] 李景湧. 有限元法[M]. 北京:北京邮电大学出版社,1999.

[3] 任学平,关丽坤,张乃洪. 复合结构壳体蠕变变形有限元研究[J]. 力学与实践,2005,27(3):27-31.

[4] 杨慧,王华昌,邹隽. 热锻模综合应力与弹性模量关系的有限元分析[J]. 锻压技术,2005(4):86-88.

[5] 胡美娟,刘金合,王亚军,等. 钛合金平板电子束焊接温度场有限元分析[J]. 电焊机,2005,35(7):39-42.

[6] 陈立锋,杨书仪. 单体式气缸盖结构强度有限元分析[J]. 山东内燃机,2005(3):23-25.

[7] 徐新平,王均安. 硅钢片轧制过程的有限元数值模拟[J]. 上海金属,2005,27(4):30-33.

[8] 闫洁,余欢. 基于 ANSYS 软件对 SiC_p/Al(ZL102)复合材料铸造渗流过程多孔介质结构的有限元处理[J]. 材料科学与工程学报,2005,23(4):581-584.

[9] 谢桂兰,张平,龚曙光. 结晶聚合物基纳米复合材料多层次结构及有效性能预测[J]. 高分子材料科学与工程,2005,21(4):23-27.

[10] 任明法,王荣国,陈浩然. 具有金属内衬复合材料纤维缠绕容器固化过程的数值模拟[J]. 复合材料学报,2005,22(4):118-124.

名词索引